现代化工专业实习教程

孙　洋　主编

姚定贵　滕爱萍　刘　敏

汤尚文　黄　琳　汪万强　副主编

中国石化出版社

内 容 提 要

本书在化学工程与工艺类认知实习、专业实习、毕业(顶岗)实习实践教学体系的基础上,围绕化工专业生产实习实训基地建设规划方向,结合了生产特点、学生应具备的安全生产知识,典型煤化工和磷化工基本工艺原理、单元操作中常见的设备以及生产装置的开工运行与操作。

本书可作为化学工程与工艺类专业工程硕士、本科、应用化工技术类专科、高职、中职教育等学生的实习实训教材,也可作为煤化工、磷化工和精细化工企业员工培训教材。

图书在版编目(CIP)数据

现代化工专业实习教程 / 孙洋主编 . —北京:中国石化出版社,2018.11
ISBN 978-7-5114-5116-3

Ⅰ. ①现… Ⅱ. ①孙… Ⅲ. ①化工过程-实习-高等学校-教材 Ⅳ. ①TQ02-45

中国版本图书馆 CIP 数据核字(2018)第 275183 号

中国石化出版社出版发行

地址:北京市朝阳区吉市口路 9 号
邮编:100020   电话:(010)59964500
发行部电话:(010)59964526
http://www.sinopec-press.com
E-mail:press@ sinopec.com
北京柏力行彩印有限公司印刷
全国各地新华书店经销

*

710×1000 毫米 16 开本 10.25 印张 186 千字
2019 年 3 月第 1 版   2019 年 3 月第 1 次印刷
定价:35.00 元

前　　言

化学工程与工艺的专业特点是实践性强、专业性强，其中实践教学体系的建立和完善，是工程人才培养过程中不可缺少的必要组成部分，也是化工专业一个重要教学环节，对于培养学生的实际操作能力、创新思维、对理论知识的理解和分析解决复杂工程问题的能力起着极其重要的作用。化工专业实践教学环节主要包括专业实验、课程设计、认识实习、专业实习、毕业（顶岗）实习和毕业设计（论文）等。通过认知实习、专业实习和毕业（顶岗）实习的实践教学方式，对于促进学生对专业知识的深度吸收与理解、理论联系实际、培养专业行业认同感具有非常重要作用，是其他教学方式无法替代的。

为贯彻落实《国务院办公厅关于深化高等学校创新创业教育改革的实施意见》和湖北省委、省政府印发《深化人才引进人才评价机制改革推动创新驱动发展的若干意见》，湖北省委办公厅、省政府办公厅印发《实施"我选湖北"计划大力促进大学生在鄂就业创业的意见》的文件精神，同时在湖北文理学院获批硕士学位授予单位，工程专业获批硕士学位授权点背景下，按照工程专业教育认证的要求，落实和推进化工专业实习实训基地的建设，由湖北文理学院与湖北三宁化工股份有限公司共同编写了《现代化工专业实习教程》。

本书由湖北文理学院孙洋担任主编，湖北三宁化工股份有限公司姚定贵、滕爱萍、刘敏和湖北文理学院汤尚文、黄琳和汪万强担任副主编。本书在编写过程中得到了中国石化出版社、学校和企业各级领导的大力支持，再次表示衷心的感谢！本书在编写过程中参考大量文献资料，在此特向文献作者致以敬意。

由于编者水平有限，加之时间仓促，偏颇纰漏之处在所难免，恳请阅读、使用本书的广大师生、企业员工提出宝贵意见。

编　者

目　　录

第一章 绪 论

第一节 实习性质、目的和基本要求

一、实习性质

专业实习、毕业(顶岗)实习是化工类专业必要的实践教学环节，是在完成专业理论教学之后逐步依次开展的、实现专业人才培养目标的重要举措，也是学生实际就业前的一次预演。通过专业实习、毕业(顶岗)实习，使学生掌握和强化专业理论知识、熟悉实际生产操作、牢记安全注意事项，为学生未来从事化工生产、研发、管理、销售等工作打下坚实基础，实现"新工科"和"工程专业教育认证"背景下对化工专业人才的培养目标和现代化工企业对人才的需求。

二、实习目的

1) 通过专业实习、毕业(顶岗)实习对化工生产过程构建全面和系统的认知和较为深刻的理解；与企业建立情感联系，增加对专业和企业的认同感和归属感；

2) 熟悉所实习岗位、化工产品的工艺原理、工艺流程、总体布置以及各类化工设备类型、结构特点、应用性能和维护管理的方法和操作过程；

3) 掌握各岗位安全基础知识、事故应对防护及急救措施，培养树立安全和分析评估意识；

4) 通过实际生产操作，灵活运用所学的理论知识，培养学生分析和解决实际生产问题的能力，基于文献检索，专业英语等课程，树立学生为提高我国国际化工生产技术水平而努力的志向；

5) 使学生对化工生产系统管理机构的组织和只能有所了解，学习现场的管理经验，学习广大工程技术人员的优秀品质，树立大国工匠精神，为我国化学工业发展作贡献。

三、实习基本要求

1) 熟悉化工生产的基本特点；
2) 熟悉本岗位的基本知识要求和技能要求；

3）熟悉岗位典型产品的生产工艺及控制方法、事故处理等；

4）掌握生产所用的设备操作、技术参数等；

5）熟悉化工生产仪表及自动化控制方式；

6）掌握本岗位产品的检测方法及检测仪器；

7）了解"三废"处理和节能措施。

第二节　实习的内容、组织和纪律

一、实习内容

1）熟悉所实习岗位工艺原理、工艺流程、设备操作原理、结构类型及特点，了解装置正常运行条件、处理制备和效果，运行中出现的问题和应采取的措施，分析其优缺点，了解产品生产特点、用品及采取安全生产措施、应急预案、急救措施、管理方式和要求；

2）掌握化工产品的生产工艺流程，理解技术操作规程、岗位工艺控制技术指标、技术经济指标和安全措施；

3）掌握工艺流程图、化工设备图、化工设计的基本内容及制图方法；掌握典型化工设备的规格、性能、运行情况、维护、应急处理措施和布置特点；

4）掌握和分析实习企业的总体平面布置图、化工工艺管道的设计特点、公用工程及各车间构筑物间的相关性；了解分析岗位分析原理、仪器操作及管理；了解各物料计量方式、方法和运行中可能出现的问题。

二、实习组织

1）专业实习，时间安排在第五学期第 10 周进行，毕业实习安排在第七学期进行；专业实习开始前 30 天，由实习负责人确定实习企业、实习任务、岗位，校企实习负责人结合企业、岗位实际生产情况，共同制定专业实习教学计划，教学方案、考核和评价标准等，集中实习，分组实施；

2）毕业实习开始前 30 天，由化工系组织召开"校企合作研讨会-毕业实习双选会"，各企业就岗位需求数量、要求、薪金待遇等召开宣讲会，学生自愿选择实习企业，经企业考察合格后，两周后最终确定实习名单，校企实习负责人结合企业、岗位实际生产情况，共同制定专业实习教学计划，教学方案、考核和评价标准等，集中实习，分组实施；

3）毕业实习阶段包括：安全教育培训及考核、企业文化宣讲、实习岗位工艺流程讲解、参观企业研发机构及各主要岗位、车间岗位实习、撰写实习周记、实习报告及总结。

三、实习纪律

1）严格遵守国家法律，遵守校企各项规章制度；

2）学生在自愿基础上选择实习企业，一般不得更换实习企业，学生必须按校企规定要求及时间到达并开展实习工作，实习结束后立即返校，不得擅自出游，不准以探亲或办事为由延误实习工作，无故延误实习1~3日者，实习成绩按不及格处理，延误3~7日者，扣除毕业实习1学分，延误7~10日者，扣除全部毕业实习学分；

3）学生在实习期间一般不得请假，特殊原因需要请假1日者由实习指导教师批准，请假1~3日由化工系主任或实习单位负责人批准，请假3日以上者报学院主管教学院长批准，请假10~30日，扣除毕业实习1学分，请假20~30日，扣除全部实习学分；

4）进入工作岗位和施工现场必须佩带安全帽，随时注意安全，防止发生安全事故；遵守实习单位作息时间，实习学生按周填写实习周记，校方指导教师每4周检查1次，按照规定时间提交实习报告。

第三节　实习报告内容及考核标准

一、实习报告内容

实习周记和实习报告是实习过程考核和评定实习成绩的重要依据，也是积累实习收获的重要方式，学生在专业实习和毕业（顶岗）期间必须根据相应实习大纲要求，基于各自岗位的实习内容，每周用文字和图表简明地技术实习中的工艺原理、工艺流程、操作过程信息以及体会收获等，如流程改造、工艺设计改进及其技术经济效果、工作组织安排、学术报告、现场教学、操作要点、注意事项、安全须知、技术调查等，为编写实习报告打下基础。实习结束前，学生应将专业实习的全过程进行分析总结，及时汇总实习报告，其主要内容包括：

1）实习单位简介：（公司概况、主要产品、企业理念、工段简介）；

2）生产岗位（重点）：

a. 岗位技术概况；

b. 生产过程原理；

c. 产品生产工艺技术特点剖析；

3）工艺流程：

a. 工艺流程图；

b. 工艺流程说明；

4）主要工艺指标；

5）岗位运行与控制；

6）主要设备与参数；

7）岗位能耗分析；

8）生产中存在的问题分析与合理化建议；

9）实习取得的成绩及不足之处；

10）对实习工作的建议、总结和感想，实习报告总字数不宜少于8000字。

二、实习成绩考核标准

企业指导教师主要负责学生在企业毕业的实现表现、工作能力、工作绩效的评定，填写学生实习成绩评定表；并且根据优秀（90～100）、良好（80～89）、中等（70～79）、及格（60～69）、不及格（<60）的标准来评定等级，成绩评定依据和成绩评定标准见表1-1。

表1-1　实习成绩评定标准

评定等级	实习成绩评定标准
优	实习期间全勤，各项指标企业评比为优，实习报告内容真实、完整，有工艺原理及流程、问题分析及改进意见，有对实习内容的认知和体会
良	实习期间考勤合格，各项指标企业评比良好，实习报告内容较为完整，有工艺原理及流程的书面总结，实习单位反应良好
中	实习期间考勤良好，各项指标企业评比中等，实习报告内容基本完整，有工艺原理及流程的书面总结，实习单位反应较好
及格	各项指标企业评比符合企业基本要求，实习报告记录尚清楚，内容不完整，只有部分工艺原理及流程的书面总结，实习单位反应较好
不及格	实习报告记录不清楚，内容不完整，工艺原理及流程的书面总结不完整，在实习过程中出现严重违纪和弄虚作假，违反企业管理规定，取消实习成绩认定资格，重修

第四节　实习生与实习指导教师注意事项

一、实习注意事项

1）遵纪守法、尊重当地人民生活习惯、尊重工程技术人员和工人师傅；

2）认真阅读实习大纲和实习教程，依据实习教程内容和企业岗位要求，明确实习任务；

3）实习期间严格遵守安全操作规程，严格遵守保密要求；服从企业的岗位和工作安排，虚心向工程技术人员学习，对重大问题应事先向校企实习负责人反映，共同协商解决，不得擅自处理；

4）实习期间遵守企业的各项规章制度，不得无故缺勤，迟到早退。各项请假规定，按照实习企业要求办理，病假要出具县级以上医院出具的证明。在实习结束前，不得擅自提前离开实习单位，违者取消实习成绩认定资格。

二、实习指导教师注意事项

1）实习由学院安排实习指导经验丰富、工作认真负责的教师负责进行指导，指导教师要根据实习教学大纲、实习学生和实习单位的具体情况制定合适的实习实施计划；

2）实习指导教师应认真执行教学计划、实习大纲，完成实习教学任务和组织自主实习学生完成实习任务，保证实习质量；

3）实习指导教师要做好实习前的各项准备工作，在实习前应该组织实习学生召开实习动员会，向自主实习学生宣讲自主实习管理制度，并尽心指导保证实习的正常进行；

4）实习指导教师在指导实习的过程中，要教育学生有意识地培养自己的素质和能力，提升职业素养；

5）实习指导教师应督促学生按时填写实习日记，记录实习过程中的真实事项、切身感受与心得体会，对学生在实习中发现的一些难点、疑点问题，要给予正确指导；

6）实习指导教师应与实习学生、学生家长及学生所在实习单位保持密切联系，协调好关系；

7）实习指导教师根据学生实习情况结合实习单位鉴定意见评定所带学生实习成绩。

第二章 现代化工生产安全知识

第一节 安全生产基础知识

化工安全生产任务就是：在国家安全生产方针的指导下，发现、分析和研究生产过程中存在的各种不安全因素；从技术上、组织上和管理上采取有力措施，解决和消除各种不安全因素；防止各类事故和职业病的发生，保障职工的人身安全和健康，以及企业财产的安全；从而提高企业经济效益和促进企业快速发展，为社会和经济效益服务。化工生产的特点有：

一、易燃易爆、有毒有害、腐蚀性物质多

目前世界上已有化学物品 600 多万种，其中 70% 以上具有易燃易爆、有毒有害、腐蚀性强等特点；如合成氨工艺中的氨、一氧化碳、硫化氢；有机合成中的甲醇、甲醛、乙醇、三氯化磷、芳香类化合物等；危险化学品作为生产中的原料、燃料、中间产品和成品，对管理、贮存和运输都提出了特殊的要求。

二、化工生产要求的工艺条件苛刻

化工生产离不开高温、高压装置，而有的化学反应要在低温、高真空度下进行。如合成氨装置，80% 以上是压力容器，合成塔的工作压力达到 32.0MPa，合成温度达到了 500℃，空气分离需要深冷（-96℃），有机合成需要低温等，由于生产过程中的高温高压、低温真空等技术参数，大大提高了设备的单机生产效率、产品收益率，降低能耗，使化工生产获得更高经济效益，但由于工艺条件的特殊性，设计或制造不符合规定要求，严重腐蚀或检修更新不及时，就会造成安全隐患。

三、生产工艺复杂、规模大型化，生产方式的高度连续化

化工产品生产工艺各不相同，工艺复杂程度不尽一致。如合成氨生产工艺是由我国小氮肥工艺在特点条件下发展起来的，决定了生产工艺复杂性和高度连续性；同时，规模大型化，比如湖北三宁合成氨规模为 400kt/a，合成氨原料结构

调整及联产 600kt/a 乙二醇项目等，加之化工生产往往由一个甚至几十个车间（工段）组成，彼此之间管道纵横交错，决定了化工生产的高度连续化。因此，这就要求必须遵守操作规程，时时处处精心操作。

四、精密仪器、设备、仪表多，且工况不稳定，隐患多

随着科技的进步，化工工艺的不断更新改造，精密仪器、设备、仪表广泛应用在化工生产中，但控制设备也有一定的故障率，虽然经过技改升级，采用新技术、新设备，但是工艺运行波动导致工艺和设备隐患多。

第二节　化工安全生产法律法规及规章制度

制定和执行符合安全要求、科学的安全生产管理制度是确保企业安全生产，员工安全健康，实现较好经济效益和社会效益的关键所在。而安全生产方针，作为我国对安全生产工作所提出的一个总的要求和指导原则，为确保安全生产指明了方向。

一、安全生产方针

我国的安全生产方针是"安全第一、预防为主"。"安全第一"是安全生产方针的基础。"安全第一"就是强调安全生产是所有部门和企业的首要任务，必须牢固树立安全第一的思想，始终把安全放在首位，确立以人为本、安全第一的思想，自觉贯彻安全生产方针。"预防为主"是安全生产方针的核心，是实施安全生产的根本途径。把工作的重点放在预防上。

二、安全生产生产法规、规章制度与安全制定

（一）安全生产法规组成

一般由国家立法、政府立法、主管部门制定标准、企业立法四个方面所组成。

1）国家立法中有关安全生产法规；《中华人民共和国宪法》第 42 条、《中华人民共和国刑法》第 134~137 条、《中华人民共和国劳动法》、《中华人民共和国安全生产法》等；

2）政府立法：根据国家立法规定的原则，各级政府或部门分别制定相应的具体的法规，予以保证实施。国务院及其工作部门、地方政府及其工作部门依据具体的情况，制订并颁布一系列的规定、规程、标准、条例、制度、办法、通知等作为保障安全生产，推动安全工作的手段。其中包括《工厂安全卫生规程》《建

筑安装工程安全技术规程》《工人职员伤亡事故报告规程》三个规程、安全生产责任制、安全技术措施计划、安全生产教育、安全生产的定期检查、伤亡事故的调查和处理五方面的五项规定、企业职工劳动安全卫生教育管理规定等；

3）国家各主管部门制订的安全标准，如《石油化工企业设计防火规范》（GB 50160—2008）、《化工企业静电接地设计规程》（HG/T 20675—1990）、《石油化工管道布置设计通则》（SH 3012—2000）、《大气污染物综合排放标准》（GB 16297—1996）、《工业企业厂内运输安全规程》（GB 4387—84）、《固定式压力容器安全技术监察规程》等；

4）企业立法规定：企业依据国家和政府法律法规，为实现安全、稳定生产，提高经济效益，结合本企业的实际情况而制订的各种安全生产规章制度，安全教育的内容一般包括安全生产思想教育（方针、政策、法规、劳动纪律等）。

（二）企业应建立的安全制度

1）如安全生产责任制度、安全生产教制度、安全生产检查制度、事故管理制度、各种安全作业证和制止违章作业和违章指挥通知书、隐患整改通知书等；

2）安全技术方面的制度。安全生产动火、禁烟、进罐作业、电气安全技术、危险化学品、安全检修、锅炉和压力容器、气瓶安全、高处作业管理制度和特殊工种安全操作规程、各岗位及各工种安全操作规程等；

3）工业卫生方面的制度。尘毒安全卫生、尘毒监测、职业危害、职业病、职工健康、防护用品、防暑降温等方面管理制度。

三、安全生产的基本要求

1）正（副）厂长（经理），正副总工程师等企业的各级管理人员，必须熟悉国家颁发的劳动保护、环境保护法令、法规，并认真贯彻执行，坚持"安全第一，预防为主"的方针和主要负责人为安全第一责任人。把安全工作作为本职工作中的重要内容来抓，决不允许以生产干部管理生产为由，单纯考虑产量而忽视安全管理工作。

2）必须认真搞好职工的技术训练和安全技术教育，做到懂性能、懂原理、懂构造、懂工艺流程；会操作、会维护保养、会排除故障；设备过得硬、操作过得硬、质量过得硬、在复杂情况下过得硬。上岗人员必须经过三级安全教育和专业培训，考试合格后，凭安全作业证独立上岗操作。

3）安全技术干部应按国家规定配备，保持相对稳定。

4）各级生产人员在工作期间，要严格遵守各项规章制度和劳动纪律；指挥人员职责明确，做到指挥畅通、正确有效，杜绝违章和盲目指挥，生产工人要坚守岗位，不串岗、不脱岗、不做与岗位操作无关的事。

5）企业出现事故，要追究有关部门各级管理人员的行政责任、领导责任直至刑事责任。特别要对违章指挥、违章作业造成事故的责任人加重处罚。生产中必须严格执行岗位责任制、巡回检查制、交接班制等。

6）必须严格执行严禁吸烟的规定，进入厂门，交出烟火。厂区内不设吸烟室。加强对仓库及生产车间的火源管理，不准动火。

7）严格执行工艺指标，禁止设备超温、超压、超负荷运行；工艺指标不得擅自更改，更不能在系统上进行实验操作。

8）生产中凡遇到危及人身、设备安全，或可能发生火灾、爆炸事故等紧急情况，操作人员有权先停车后报告。工人有权拒绝违章指挥。

9）必须定期对生产设备、管道、建（构）筑物及一切生产设施进行维修，保证其可靠性、坚固性，不准带病运行。压力容器的维修、检验等应根据压力容器安全管理制度进行。

10）在厂区内行走时，要注意防止运转设备尖锐物体、地沟和阴井伤人。禁止在下列场所逗留：

① 运转中的起重设备下面；
② 有毒气体、酸类管道、容器下面；
③ 易产生碎片和粉尘的工作场所；
④ 正在进行电气焊接的工作场所；
⑤ 正在进行金属物件探伤的场所附近。

11）生产区内，不准未成年人进入，员工进入岗位前，必须按规定穿工作服、戴安全帽及其他劳保用品。

12）凡存有各种酸、碱等强腐蚀性物料的岗位，应设有事故处理水源和备用药物。

13）为防止突然停电、停水、停汽而造成事故，各岗位应有紧急停车处理的具体措施和根据需要设置事故电源。

14）非自己负责的机械设备和物品，禁止动用。

15）要熟练掌握预防中毒和事故状态下的急救方法，对防护器材要做到懂性能、正确使用。

16）车间禁止堆放油布、破布、废油等易燃物品，现场禁止烘烤衣物和食品。

17）被易燃液体浸过的工作服，严禁穿到有明火作业的现场。

18）对规格、性能不明的材料禁止使用，不明重量的物体严禁起吊。

19）厂区和车间内的各种用水，在未辨明的情况下，禁止饮用或洗手。

20）新企业、新车间投产前，新技术、新工艺使用前，必须制定工艺规程、操作规程、安全技术规程和其他有关的制度。设备管道的涂色应符合《石油化工企业设备管道表面色和标志》(SHJ-43-1991)的规定。

21)各级生产指挥人员,对安全生产负有不可推卸的资任。到生产现场必须佩戴明显的安全标志;指挥生产的同时,切实关心注意安全生产情况,特别要及时制止和纠正违章现象。

22)进人生产现场的外来参观、实习人员必须戴安全帽,有条件的单位还应临时提供工作服。

四、化工安全生产禁令

(一)生产区十四个不准

1)加强明火管理,禁止吸烟。未经审批、未做好安全措施、无人监火,不准动火。

2)生产区内,不准未成年人进入。

3)上班时间,不准睡觉、干私活、离岗和干与生产无关的事。

4)在班前、班上不准喝酒。

5)不准使用汽油等易燃液体擦洗设备、用具和衣服。

6)不按规定穿戴劳动保护用品,不准进入生产岗位。

7)安全装置不齐全的设备不准动用。

8)不是自己分管的设备、工具不准动用。

9)检修设备时安全措施不落实,不准开始检修。

10)停机检修后的设备、未经彻底检查,不准启用。

11)未办高处作业证,不带安全带,脚手架、跳板不牢,不准登高作业。石棉瓦上不固定好跳板,不准作业。

12)不准带电移动电器。

13)未取得安全作业证的职工,不准独立作业;特殊工种职工、未经取证,不准作业。

14)未办进罐作业证,未作有效隔离、末彻底清洗、置换合格,未指定专人监护,不准进罐作业。

(二)进入容器、设备的八个必须

化工生产中的容器,设备主要有塔、罐、釜、箱、槽、柜、池、管及各种机械动力传动、电气设备等,还包括一些附属设施,如阴井、地沟、水池等;由于生产中介质冲刷腐蚀、磨损等原因,需要经常进行检查、维护、清扫等工作。进入容器、设备的八个必须概括如下:

1)必须申请办证并得到批推;

2）必须进行安全隔绝；

3）必须切断动力电，并使用安全灯具；

4）必须进行置换、通风；

5）必须按时间要求进行安全分析；

6）必须佩戴规定的防护用具；

7）必须有人在器外监护，并坚守岗位；

8）必须有抢救后备措施。

（三）动火作业六大禁令

1）动火证未经批准，禁止动火；

2）不与生产系统可靠隔绝，禁止动火；

3）不清洗，置换不合格，禁止动火；

4）不消除周围易燃物，禁止动火；

5）不按时作动火分析，禁止动火；

6）没有消防措施，禁止动火。

（四）操作工的六个严格

1）严格执行交接班制；

2）严格进行巡回检查；

3）严格控制工艺指标；

4）严格执行操作法（票）；

5）严格遵守劳动纪律；

6）严格执行安全规定。

五、安全生产职责

（一）岗位安全生产责任

本着"安全生产，人人有责"的精神对企业各级领导、职能部门、工程技术、管理人员等全体员工，在各自的岗位上实际安全生产责任明确加以规定，其基本原则：

1）企业安全工作实行各级行政首长负责制；

2）企业的各级领导人员和职能部门，应在各自的工作范围内，对实现安全生产和文明生产负责，同时向各自的行政首长负责；

3）安全生产人人有责，企业的每个职工必须认真履行各自的安全职责，做到各有职守，各负其责。

（二）工人安全职责

1）参加安全活动、学习安全技术知识，严格遵守各项安全生产规章制度；

2）认真执行交接班制度，接班前必须认真检查本岗位的设备和安全设施是否齐全完好；

3）精心操作，严格执行工艺规程，遵守纪律，记录清晰、真实、整洁；

4）按时巡回检查、准确分析、判断和处理生产过程中的异常情况；

5）认真维护保养设备，发现缺陷及时消除，并做好记录，保持作业场所清洁；

6）正确使用、妥善保管各种劳动防护用品、器具和防护器材、消防器材；

7）不违章作业，并劝阻或制止他人违章作业，对违章指挥有权拒绝执行，同时，及时向领导报告。

第三节　防火防爆的的安全规定

一、燃烧爆炸所需具备的条件

可根据以下条件制定防范措施。燃烧爆炸必须具备三个条件：

1）有在一定浓度范围内的易燃气体或液体；

2）有助燃物质：氧气和其他氧化剂；

3）有火源：如明火、电火花、电弧、静电火花以及能引起爆炸混合物爆炸的最小能量。装置要做到安全生产，必须要控制易燃易爆物料处于爆炸极限之外。并且不允许有足够能量(明火、静电火花等)引起闪燃或爆炸。

二、防止燃烧爆炸措施

（一）防止易燃易爆物料在空气中构成爆炸混合物

1）经常检查生产设备和容器是否密封良好，开停车中尤其要检查高温高压的设备螺栓是否因升温，降温而松动，以防止易燃易爆液体、气体的逸出；

2）巡检中注意各动静密封点的密封情况，杜绝跑、冒、滴漏现象的发生；

3）经常检查真空设备的严密程度，防止外界空气漏入真空设备。在清理真空设备内部或打开人孔时要先解除真空，往系统冲入氮气消除真空，将系统内物料压尽并确认温度已降至安全范围，才能拆检设备，防止大量空气突然吸入引起燃烧，爆炸；

4）在开车前用氮气置换己内酰胺系统至氧含量要<0.5%，氮封阀、呼吸阀工作状态良好；

5）认真维护可燃气体报警器，保持装置的通风良好来减少易燃易爆液体、气体或粉尘积累，使其达不到爆炸范围。

（二）消除火源

火的来源很多，有明火、摩擦和撞击，静电、电器设备等，除这些之外，易燃易爆物在高温或局部过热达到自燃点，也是火源之一，为消除火源应做到以下几点：

1）严禁穿带钉子的鞋子进入装置；

2）厂区严禁吸烟和携带火种，严禁携带非防爆的照明设施、手机、摄影、摄像等用电设备；

3）装置内禁止使用铁器工具相互摩擦和冲击，机泵转动部件由于缺油或断油摩擦发热也可使易燃易爆物质燃烧爆炸，因此必须经常检查机泵的油润滑情况；

4）应会同专业人员定期检查避雷保护装置和静电接地，确认其处于完好状态；

5）未经办理动火票并未落实各项安全防范措施，装置内严禁动火；

6）精心操作，严密监视设备和工艺状况，严防设备超温、超压、液位超限，在易燃、易爆、有腐蚀性等关键生产装置以及重点生产部位必须定期用可燃气体测爆仪检测，发现异常、超标，应及时查明原因，及时处理；

7）本装置危险区域设备有：重排反应器、加氢反应器、苯蒸馏塔和苯系统等设备均已定为特殊监护点；

8）在电器设备不合要求，电线线路过负荷、短路、绝缘损坏、接触不良、电器开启、切断、保险丝熔断均能产生火花。随时检查电器设备，会同电工及时消除电火花。

（三）消除电火花

消除电火花的措施主要有：

1）固定线路不得随便增加用电量，以防负荷过大，线路发热起火；

2）应按规定容量安装保险丝，以免熔断起火；

3）装置区域内不得装裸体导线，所有导线应能防爆；

4）现场临时用电必须使用防爆插头，电线接头应连接牢固，以防接触电阻过大，发热起火；

5）输送易燃、有腐蚀性的气体或液体的管线应与电线保持一定距离，以免管道泄漏物料喷到电线上引起火灾或爆炸；

6）所有电器设备必须防爆。

三、阻止火灾及爆炸扩展措施

1）发生火灾和爆炸后，应立即通知消防部门、调度及有关领导，并且应立即进行扑救和处理，防止扩展。在刚发生火灾时，可使用小容量手提式泡沫、干粉等灭火器进行快速灭火，并在消防队到达前，尽可能切断物料来源，根据现场情况，用水炮、水喷淋降温，用各种灭火器材控制火势或扑灭火灾。

2）操作人员要在班长的指挥下，按操作规程，部分或全部停车，采取所有必要的措施来配合灭火，使事故损失降至最低程度。

3）根据可燃物的理化性质及火势大小，选择合适的灭火剂。

四、常用灭火器材类型、性能及使用注意事项

1）干粉：分手提式和推车式灭火器两种，适用于扑救油类、石油产品、有机溶剂、可燃气体和电气设备的火灾。

2）二氧化碳（CO_2）：用于扑救面积不大的珍贵设备、珍贵资料、仪表、600V 以下电气及油脂火灾。

3）泡沫：分手提式和推车式两种，用于扑救一般物质或油类物质火灾，如己内酰胺、苯、环己酮肟等。

4）1211：用于珍贵物品仓库、配电室、实验室、资料室、档案室等重点单位扑救火灾。注意：使用时应垂直操作，不可放平或颠倒使用。

5）喷水雾：特殊适用于闪点在 38~100℃ 之间的可燃性液体及挥发性固体的火灾。

6）自动喷淋器：灭火效能同喷水雾相似，主要作用是吸热并使周围冷却、降温，直到可燃液体烧完或由其他方法灭火。

7）水龙头（固定水炮或软管）：常用于冷却设备，对于低闪点物料（如苯、甲苯、汽油等）引起的火灾无效。对于发烟硫酸泄露事故处理如果使用不当会引起溅液，伤害救护人员。

8）水蒸气、氮气：可用于各种液体和固体物质的灭火，其作用主要是隔绝空气，在危险区域之间可使蒸汽排管，当打开蒸汽后可形成蒸气幕墙，阻止火焰的蔓延。使用水蒸气注意：灭火前需把管道内积水排尽，防止积水浇到电气设备上造成设备烧坏。

五、防毒安全规定

化工生产装置的原料、中间产品、产品和辅助原料均有较大毒性，尤其是原料苯、发烟硫酸更须认真防护。

（一）生产过程中的防毒安全注意事项

1）杜绝装置内的跑、冒、滴、漏，保持装置内通风。

2）上岗必须穿戴好劳保防护用品。

3）各工段已设置真空回收物料系统，装置停车检修时，机泵、设备内积存的物料必须由专人进行回收，不准乱排乱放。分析取样物料设铁桶回收并分类，经真空回收系统回收，送往各自系统。

4）发生重大泄漏事故，大量毒物泄出装置时，现场操作人员应立即佩戴适用的防护器材，一边电话告诉调度室，一边迅速站在事故源的上风方向，切断泄漏毒物的来源，并采取紧急停车，启用物料回收系统与事故排放池等应急和抢救措施，防止事故扩大。

5）注意个人饮食卫生。

（二）过滤式防毒面具的使用

1）只能用来预防与其相适应的的有毒介质，使用时，应根据防护范围选择面具，禁止使用于各种窒息性气体中，如：N_2、CO_2等。

2）严禁在缺氧或具有高浓度的有毒气体中使用，只准在氧含量为 19%～22%，有毒气体浓度小于 0.5% 的情况下使用。

3）佩戴面具前，必须确认滤毒罐说明书上所防护的有毒气体与现场有毒气体是否一致。打开滤毒罐堵盖，检查呼吸阀是否灵活好用，还需用手堵住罐底作气密试验，如发现漏气，则应检查、修理或更换。

4）滤毒罐有异味或呼吸阻力大并且超重 20g 以上时，表明已失效，不能使用。

5）在有毒区，严禁取下面罩。严禁在设备内部使用。

6）如有面罩老化破损，呼气阀损坏、漏气、压损、穿孔、锈蚀等情况禁止使用。

7）长管防毒面具（一般用于设备内检修）：使用前先连接导管，佩戴面具，检查气密，试验泄漏。使用时必须有两人监护，进气口置于设备外离地面 10cm 上风口，气管不能皱摺、踩压，进气口不需加装滤毒罐。

（三）正压式空气呼吸器使用方法及注意事项

1）瓶阀门朝下背在背后，拉紧双肩系带以及腰带；

2）面罩挂在颈部，连接快速接头（接头一般已接好）；

3）打开气瓶阀两圈以上，检查表压（要求大于 $200 \times 10^5 \, \text{Pa}$）；

4）检查空气导管，开关是否泄漏，呼吸通道是否畅通；

5）戴上面罩并对称拉紧系带，检查面罩的密封性；

6）无不良感觉或检查合格后方可进入毒气区域作业；

7）离开毒区以后，松开面罩系带，摘下面罩；

8）关闭气瓶阀，按下供气阀排尽空气余压，松开腰带，卸下背架气瓶；

9）空气呼吸器使用者必须经过培训合格后方可使用。进入毒区前须经监护人严格检查，佩戴合格；

10）使用前空气瓶压力必须大于 $200×10^5Pa$，使用中要时刻注意气瓶压力变化，当空气瓶压力低报警时 $[p≤(55±5)×10^5]$，10min 内必须脱离有毒区域；

11）适用于缺氧及任何种类，任何浓度的有毒气体环境或毒物成份不明的环境中使用，但禁止在油类、明火环境及设备内部、地沟、阴井等作业环境中使用。环境温度 $-30～+80℃$ 为正常使用温度。使用中应保持器具清洁、卫生。各种滤毒罐防护范围如表 2-1 所示。

表 2-1 各种滤毒罐防护范围表

型号	色别	防护范围
1 型	草绿或绿	除 CO 外的各种有毒气体及蒸气
2 型	桔红	包括 CO 在内的各种有毒气体及蒸气
3 型	褐	各种有机蒸气（如丙酮、CCl_4、醇类）、苯、氯泵、硫化氢
4 型	灰	硫化氢，氨
5 型	白	CO
6 型	黑	汞蒸气
7 型	黄	各种酸性气体（如 CO_2、Cl_2）光气等

六、防人身伤害

（一）防 N_2 窒息

进入塔器、罐等容器前，容器内必须经空气置换，经取样分析 $19\%≤O_2≤22\%$，确认需进人的设备与其他设备完全切断，并且还需分析有毒气体含量必须合格，有二人以上专人监护，系好安全绳后方可进入。

（二）防烧伤、烫伤、冻伤

1）当发生火灾时，要站在上风方向救火；进入火场中救火时，需穿好防火衣或用水喷湿衣服救火，避免烧伤；

2）避免碱的灼伤，如皮肤上溅有浓碱，要用大量清水冲洗；

3）避免从设备、管道内溅出的物料或蒸汽烫伤皮肤，不要用手触摸高温的管道、设备；

4）当水或泡沫用于闪点在 100℃ 以上的可燃液体灭火时，水或泡沫可引起消防队人员烫伤，应加倍小心；

5）冬季室外操作，要注意保暖，防止冻伤；皮肤接触低温的苯、液氨时要注意防冻。

16

（三）酸性溶液（硫酸、磷酸、盐酸、混酸）危害

1）磷酸：分子式为 H_3PO_4，相对分子质量为 98.00，纯磷酸为无色结晶，无臭，具有酸味。

① 侵入途径：吸入、食入、经皮肤吸收。

② 健康危害：蒸气或雾对眼、鼻、喉有刺激性。口服液体可引起恶心、呕吐、腹痛、血便或休克。皮肤和眼接触可致灼伤。慢性影响：鼻黏膜萎缩、鼻中隔穿孔；长期反复皮肤接触，可引起皮肤刺激。

③ 急救措施：

a. 皮肤接触：立即脱去被污染的衣着，用大量流动清水冲洗至少 15min，就医。

b. 眼睛接触：立即提起眼睑，用大量流动清水或生理盐水彻底冲洗至少 15min，就医。

c. 吸入：迅速脱离现场至空气新鲜处，保持呼吸道通畅。如呼吸困难，给输氧，如呼吸停止，立即进行人工呼吸，就医。

d. 食入：误服者用水漱口，给饮牛奶或蛋清，就医。

④ 泄漏应急处理：隔离泄漏污染区，限制出入，建议应急处理人员戴自给式呼吸器，穿防酸碱工作服。不要直接接触泄漏物。小量泄漏：用洁净的铲子收集于干燥、洁净、有盖的容器中。大量泄漏：收集回收或运至废物处理场所处置。

2）硫酸：分子式为 H_2SO_4，相对分子质量为 98.00，纯品为无色透明油状液体，无臭。

① 侵入途径：吸入、食入；

② 健康危害：对皮肤、黏膜等组织有强烈的刺激和腐蚀作用。蒸气或雾可引起结膜炎、结膜水肿、角膜混浊，以致失明；引起呼吸道刺激，重者发生呼吸困难和肺水肿；高深度引起喉痉挛或声门水肿而窒息死亡。口服后引起消化道烧伤以致溃疡形成；严重者可能有胃穿孔、腹膜炎、肾损害、休克等。皮肤灼伤轻者出现红斑，重者形成溃疡，愈后斑痕收缩影响功能。溅入眼内可造成灼伤，甚至角膜穿孔、全眼炎以至失明。慢性影响：牙齿酸蚀症、慢性支气管炎、肺气肿和肺硬化。

③ 急救措施：

a. 皮肤接触：立即脱去被污染的衣着，用大量流动清水冲洗至少 15min，就医。

b. 眼睛接触：立即提起眼睑，用大量流动清水或生理盐水彻底冲洗至少 15min，就医。

c. 吸入：迅速脱离现场至空气新鲜处，保持呼吸道通畅。如呼吸困难，给输氧，如呼吸停止，立即进行人工呼吸，就医。

d. 食入：误服者用水漱口，给饮牛奶或蛋清，就医。

④ 危险特性与消防：

a. 危险特性：遇水大量放热，可发生沸溅。与易燃物（如苯）和可燃物（如糖、纤维素等）接触会发生剧烈反应，甚至引起燃烧。遇电石、高氯酸盐、雷酸盐、硝酸盐、苦味酸盐、金属粉末等猛烈反应，发生爆炸或燃烧。有强烈的腐蚀性和吸水性。

b. 灭火方法：消防人员必须穿戴全身防火防毒服。灭火剂：干粉、二氧化碳、砂土。避免水流冲击物品，以免遇水会放出大量热量发生喷溅而灼伤皮肤。

⑤ 泄漏应急处理：

a. 迅速撤离泄漏污染区人员至安全区，并进行隔离，严格限制出入，建议应急处理人员戴自给正压式呼吸器，穿防酸碱工作服。不要直接接触泄漏物，尽可能切断泄漏源，防止进入下水道、排洪沟等限制性空间。

b. 小量泄漏：用砂土、干燥石灰或苏打灰混合，也可用大量水冲洗，洗水稀释后放入废水系统。

c. 大量泄漏：构筑围堤或挖坑收容，用泵转移至槽车或专用收集器内，回收或运至废物处理场所处置。

3）盐酸（氢氯酸）：分子式为 HCl，相对分子质量为 36.46，工业级纯度为 36%。

① 侵入途径：吸入、食入。

② 健康危害：接触其蒸气或烟雾，可引起急性中毒，出现眼结膜炎、鼻及口腔黏膜有烧灼感、鼻衄、齿龈出血、气管炎等。误服可引起消化道灼伤、溃疡形成，有可能引起胃穿孔、腹膜炎等。眼和皮肤接触可致灼伤。慢性影响：长期接触，引起慢性鼻炎、慢性支气管炎、牙齿酸蚀症及皮肤损害。

③ 急救措施：

a. 皮肤接触：立即脱去被污染的衣着，用大量流动清水冲洗至少 15min，就医。

b. 眼睛接触：立即提起眼睑，用大量流动清水或生理盐水彻底冲洗至少 15min，就医。

c. 吸入：迅速脱离现场至空气新鲜处，保持呼吸道通畅。如呼吸困难，给输氧，如呼吸停止，立即进行人工呼吸，就医。

d. 食入：误服者用水漱口，给饮牛奶或蛋清，就医。

④ 危险特性与消防：

a. 危险特性：能与一些活性金属粉末发生反应，放出氢气。遇氰化物能产生剧毒的氰化氢气体。与碱发生中和反应，并放出大量的热。具有较强的腐蚀性。

b. 灭火方法：消防人员必须佩戴氧气呼吸器，穿全身防护服。用碱性物质如碳酸氢钠、碳酸钠、消石灰等中和。也可用大量水扑救。

c. 泄漏应急处理：迅速撤离泄漏污染区人员至安全区，并进行隔离，严格限制出入，建议应急处理人员戴自给正压式呼吸器，穿防酸碱工作服。不要直接接触泄漏物，尽可能切断泄漏源，防止进入下水道、排洪沟等限制性空间。小量泄漏：用砂土、干燥石灰或苏打灰混合，也可用大量水冲洗，洗水稀释后放入废水系统。大量泄漏：构筑围堤或挖坑收容，用泵转移至槽车或专用收集器内，回收运至废物处理场所处置。

七、使用公用工程安全操作要点

1）引进冷却水要先打开管线与设备的高点放空阀排除不凝气体，气体排净后再开大进水阀；

2）引进蒸汽前应先打开蒸汽管的各点放尽导淋，特别是蒸汽总管的盲端放尽阀必须打开，然后微开进蒸汽阀门预热暖管，待各放尽导淋阀凝水排完方可逐个关闭，再开大进蒸汽总阀，避免管道内的凝结水未排尽等原因引起管线震动、撞击，引发事故。蒸汽引入各加热器也应参照上述原则操作执行；

3）启动机泵前要对机泵的位号，主控信号，电机转向等进行确认，所有电源或仪表均完好备用，设备管道上的盲板已拆除、阀门关闭、拆开法兰恢复。

八、机泵安全运行要求

1）操作工必须熟悉掌握机泵开、停的操作规程及机泵所输送的物料性质。

2）检查压力表、温度计、电流表、电压表、计量仪表是否完好，是否超过校验期，检查冷却水阀是否打开。

3）检查安全阀，报警联锁装置是否启用、完好。

4）润滑油的添加和更换，先检查油的标号是否符合规定，并经过三级过滤，禁止用闪点低于规定的润滑油代用。

5）开机前盘车一周以上，若有问题经处理后才能启动，不准以启动设备的方式代替盘车，大电机一次启动不起来时，应查找原因，不得连续启动。

6）运行的机泵联结部位（靠背轮）段安全罩不得擅自拆除。盘车后安全罩应及时扣好。

7）机泵如装有自控系统或遥控系统，严禁擅自调整。

8）机泵开车步骤：往复泵开车前应先开出口阀，真空泵开泵前应检查入口有无液体，若有则应排尽后才能启动。离心泵启动前要：A：关闭出口阀；B：打开吸入口阀门，按动电钮，启动机泵。

9）禁止超温、超压、超转速运行。机泵在运行时要定时检查电机、油箱的温度、液面、冷却水及压力、泄漏和振动等情况，发现问题应及时处理或切换机泵。

10）检查机泵时要戴好工作帽，女职工头发不能露出过肩。

11）如果发生火灾、爆炸，大量漏气漏料，机械运转有明显的异常，有发生事故的可能或危及人身，设备安全时，有权先紧急停车，然后向班长、主控室、调度报告。

12）严格执行各项规章制度，认真交接班，对本班发生的事故、异常情况要交接清楚，对安全缺陷及隐患要有防范措施。

13）机泵停车按操作方案停车，机泵严禁带负荷停运，除特殊情况外（如：突然停电、即烧毁、发生人身事故等），一律要降低负荷后才能停运机泵。

14）冬季停车，必须采取可靠防冻措施，对环己酮肟、苯、己内酰胺管线要防止堵塞管线，可用氮气吹扫或放尽回收处理，对于没有使用的机泵防冻，最好是放尽机泵积水，以免冻坏机泵设备；严禁用棉纱及工具去擦或触听正在运行中的机泵和转动部分。

九、安全防护用品类型、性能及使用注意事项

（一）自吸式长管呼吸器

自吸式长管呼吸器是将人的呼吸部位与外界环境隔绝，通过导气管，把远处的新鲜空气吸入供人呼吸，它由面罩、导气管等连接组成，导气软管长度为 10~15m，使用注意事项：

1）使用前应对导气管进行查漏，简易查法可将导气管一端堵塞，另一端吹入压缩空气，并把软管浸入水中，以不鼓气泡为气密性合格；

2）检查面罩有无损坏，透视玻璃是否磨损，并将其戴上，用手堵住接口，肺部吸气，如感觉呼吸困难，说明该面罩气密性合格；

3）导气软管的进气管必须置于远离有毒场所的上风侧，距地高 10cm，以保证气源清净；

4）使用移动导气管时不要猛拉、猛拖和扭曲；

5）现场应设专人监护，并加强联系和防范工作。

（二）滤毒罐

1）分综合防毒型（1#绿色，主要用于防 HCl 气体）和防氨滤毒罐（4#灰色）；

2）注意事项：以上两件滤毒罐只能用于氧含量>18%，有毒气体含量<2%范围内，使用结束后应将封口盖好及密封胶塞盖好。

（三）灭火器

灭火器是由筒体、喷嘴等部件组成，借助驱动压力将充装的灭火剂喷出灭火的器具。按充装灭火剂种类可分为：清水灭火器、酸碱灭火器、化学灭火器、轻水泡沫灭火器、二氧化碳灭火器、干粉灭火器、卤代烷灭火器。常用的灭火器类型有：

（1）干粉灭火器

干粉灭火器是以二氧化碳气体为动力，喷射干粉灭火剂的器具。主要用于扑救油类、易燃液体、可燃气体和电气设备的初起火灾。按移动方式分为 MP 型手提式、MFT 型推车式和 MFB 型背负式三种。

1）使用方法：使用外装式干粉一只手提起提环，握住提柄，距离火源 2～3m 将喷嘴对准火苗根部，当提起提环时，阀门即打开，二氧化碳气体经进气管进入筒身内，在气体压力作用下，干粉经过粉管、胶管由喷嘴喷出，形成浓云般粉雾。灭火器应左右摆动，由近及远，快速推进灭火。注意使用前，先要上下颠倒几次，使用干粉松动后再提起提环喷粉。

2）干粉灭火器的维护：

a. 灭火器应放置在通风干燥、阴凉并取用方便的地方，环境温度在−5～＋45℃为好。

b. 灭火器应避免高温、潮湿和有腐蚀严重的场合，可防止干粉灭火剂结块、分解。

c. 每半年检查干粉是否结块，储气瓶内二氧化碳气体是否泄漏。检查二氧化碳储气瓶，应将储气瓶拆下称重，称出的重量与储气瓶上钢印所标的数值是否相同；如小于所标值 7g 以上时，应送维修部门修理；如系储压式则检查其内部内压显示器的指针是否指在绿色区域；如指针已在红色区域，则说明内部压力已泄漏无法使用，应赶快送维修部门检修。

d. 灭火器一经开启必须再充装，再充装时，绝对不能变换干粉灭火剂的种类，即碳酸氢钠干粉灭火剂不能换装磷酸铵盐干粉灭火剂。

e. 每次再充装前或灭火器出厂三年后，应进行水压试验，水压试验时对灭火器上筒体和储气瓶应分别进行，其水压试验压力应与该灭火器上贴花或钢印所示的压力相同。水压试验合格后才能再次充装使用。

f. 维护必须由经过培训的专人负责、修理，再充装应送专业维修单位进行。

（2）二氧化碳灭火器

二氧化碳灭火器是喷射二氧化碳灭火剂进行灭火的一种灭火器具，利用灭火剂本身作动力喷射。其特点是灭火后无痕迹。

1）使用方法：使用时先取下铅封及闩棍，一手挚喷筒对准火源，一手按下压把，二氧化碳即从喷嘴喷出，起初为白色固体雪花状，故称干冰。干冰温度为$-78.5℃$，很快气化骤然膨胀，急剧地吸收空气热量，使环境温度大幅度下降，起冷却作用。同时二氧化碳气笼罩火区，起隔绝空气的作用，当其浓度达到$36\%\sim38\%$时，火焰很快就会熄灭。

2）使用方法及注意事项：

a. 检查灭火器是否过期，铅封是否完好；

b. 右手握住灭火器压把；

c. 除掉铅封，拔掉保险销；

d. 站在上风口距火两米的地方左手拿着喇叭筒，右手用力压下压把对准火焰根部喷射，并不断向前推进直至把火焰扑灭；

e. 喷射时手不要接触金属部分，以防冻伤；

f. 在较小的密闭空间或地下坑道喷射后，人要立即撤出，以防止窒息；

g. 使用二氧化碳灭火器扑救电器火灾时，如果电压超过600V，应先断电源后灭火；

h. 二氧化碳灭火器主要用于扑救贵重设备、档案资料、仪器仪表、600V以下的电器火灾及油类火灾，但不能扑救钾、钠、镁等轻金属火灾，不适宜扑救固体类火灾。

（四）消防栓

1）消防栓按安装区域分为室内、室外消防栓两种；

2）按安装位置分为地上式与地下式两种；

3）按消防介质分为水消防栓和泡沫消防栓两种；消防栓应在任意时刻均处于工作状态；

4）室内消防栓是扑灭装置内火灾的必备灭火设施；

5）室外消防栓是室外消防给水管网上的取水灭火设施。其保护半径一般为100m；

6）消防栓应配有专用消防水带，消防水带主要用于输水灭火或输送其他液体灭火剂灭火。其公称口径一般有50mm、65mm、80mm、100mm等。消防水带应配相对口径的水带接口方能使用。水带接口装置于水带两端，用于水带与水带、消火栓或水枪之间。

（五）安全带

安全带应高挂低用，注意防止摆动碰撞，另多人作业时人和挂处要保持一定距离，以免坠落时互相发生碰撞。安全带不准打结使用，也不准将钩直接挂在安全绳上使用，应挂在连接环上使用。安全带上的各种部件不得随意拆掉。使用频繁的安全带、安全绳，要经常做外观检查，出现破损、烫痕、绽开或松软时，必须报废更换。安全带金属连接部件弯曲、变形或腐蚀变形时报废更换。

第四节 "师带徒"培训计划

一、"师带徒"培训计划含义

"师带徒"是指具有丰富的实际生产管理经验，又有较深理论知识的技能型、管理型人才，在主要生产管理岗位上以师徒关系的形式将其高超技艺、优良的职业道德作风传授给他人的一种人才培养方式。

二、"师带徒"培训计划目的

进一步规范和深化师带徒活动，调动导师、青年职工教与学的积极性，全面提高职工的整体素质，加快培养新一代品德优良、作风扎实、技能娴熟、业绩突出的青年岗位能手。

三、"师徒"关系、职责与义务

（一）师傅资格及要求：

1）要求在岗位工作满五年以上，具有丰富的实际工作经验及良好的职业道德和工作作风；

2）以培养普通操作工为目标的师傅必须是在岗主操或班长；

3）以培养车间后备人才为目标的师傅必须是班长及以上管理人员，且任现职满三年以上；

4）为保证"传、帮、带"的效果，一个师傅一般带1~2名徒弟。

（二）徒弟范围及要求

1）徒弟范围：在生产管理岗位上，未达到相应岗位技能要求的人员（包括复转军人、其他新进员工）。新接受的大中专毕业生见习期按本方案确定指导教师。

2）徒弟条件：热爱本职工作，遵守岗位操作规范，尊敬师傅，虚心好学。

（三）师徒关系的确定

1）新进员工在分配到班组后半个月内，由班组长与其协商后指定师傅人选，并报请片区主管或车间同意后认定；

2）师徒在协商一致的基础上以书面形式签订《师徒协议书》，《师徒协议书》包含传授内容、职责与义务、协议期限等内容；

3）协议书自师徒二人签字之日起生效。协议一式四份，师、徒各保留一份，车间留存一份，另一份上交员工关系科保存。

（四）师傅的职责与义务

1）传授实际生产管理所需的普通技能；

2）传授技术攻关和高难度生产任务所需的绝招绝技；

3）传授优良的职业道德和工作作风；

4）传授安全生产知识，在培训过程中保证徒弟的人身安全和设备安全；

5）关心爱护徒弟；

6）完成《师徒协议书》里规定的各项任务；

7）党员师傅要实现五带，即带思想、带作风、带安全、带技能、带业绩。

（五）徒弟的职责与义务

1）尊重师傅，不耻下问；

2）勤奋学习专业理论知识，刻苦钻研实际操作技能；

3）在学习过程中，保证自身人身安全和设备安全；

4）完成《师徒协议书》里规定的各项任务。

（六）管理措施

1）建立师徒管理档案，记载教育约谈及日常考核情况。协议期内分三阶段进行，每阶段至少进行一次理论验收考试；

2）每月 25 日前完成师徒培训情况量化考评，结果通过流程上报，新工及师傅考评均由受评本人发起，分三级考评，按权重计入总分，据实评级；

3）签订师徒合同后，师徒要同班、同岗工作，原则上不准任意调换工作岗位，造成师徒分离岗位；

4）协议期限：根据工种技术的复杂程度或岗位的实际需要，师徒协议的期限，一般为 3 月~2 年，后备人才培养可延长至 3~8 年；

5）对少数未满协议期，但经阶段性考评或本人申请提前参加考评合格并达到《师徒协议书》的要求，且通过了职业技能鉴定考试的徒弟，由技能鉴定中心颁发相应的职业资格证书，准予提前结束协议，认定为"优秀出师"；

6）协议期满后，按有关规定对徒弟进行考评合格，并达到《师徒协议书》的要求，且通过验收考试，由技能鉴定中心颁发相应的职业资格证书，认定为"合格出师"；

7）协议期满后，徒弟经考评不合格，必须延长协议期半年至一年。延长协议期满，经考评合格，徒弟取得协议中规定的技能水平和技能等级的，可认定为"延期出师"；

8）经过延长协议期，徒弟经考评仍不合格，取消协议且不再延长，认定为

"不予出师"。

（七）奖惩措施

1）认定为"优秀出师"、"合格出师"的，给予师傅一次性培训奖励。对于优秀出师的徒弟也给予适当奖励；

2）若徒弟被认定不予出师，则扣除师傅一个月奖金；同时扣除徒弟三个月奖金，徒弟待岗；

3）师傅奖励由公司人力资源集中兑现，对徒弟的扣款在本单位绩效工资中兑现。

四、培训计划

（一）7月份培训计划

1）了解现场可能存在的各项危险隐患，岗位安全技术要求；

2）熟悉所在岗位工艺流程及原理；

3）熟悉所在岗位设备构造及安全技术规程。

（二）8月份培训计划

1）学习所在岗位操作要点；

2）熟悉所在岗位巡检要点和注意事项；

3）掌握所在岗位设备生产过程中异常情况紧急处理。

（三）9月份培训计划

1）掌握所在岗位设备开停车步骤；

2）具备所在岗位独立操作能力；

3）正确使用各种消防防护器材。

第三章　化工设备基础知识

第一节　设备基础知识

一、化工设备的分类

（1）结构特征和用途分为容器、塔器、换热器、反应器（包括各种反应釜、固定床或液态化床）和管式炉等；

（2）按结构材料分为金属设备（碳钢、合金钢、铸铁、铝、铜等）、非金属设备（陶瓷、玻璃、塑料、木材等）和非金属材料衬里设备（衬橡胶、塑料、耐火材料及搪瓷等），其中碳钢设备最为常用；

（3）按受力情况分为外压设备（包括真空设备）和内压设备，内压设备又分为常压设备（操作压力小于 $1kgf/cm^2$）、低压设备（操作压力在 $1\sim16kgf/cm^2$ 之间）、中压设备（操作压力在 $16\sim100kgf/cm^2$ 之间）、高压设备（操作压力在 $100\sim1000kgf/cm^2$ 之间）和超高压设备（操作压力大于 $1000kgf/cm^2$）。

二、化工容器结构与分类

（一）化工容器基本结构

在化工类工厂使用的设备中，有的用来贮存物料，如各种储罐、计量罐、高位槽；有的用来对物料进行物理处理，如换热器、精馏塔等；有的用于进行化学反应，如聚合釜，反应器，合成塔等。尽管这些设备作用各不相同，形状结构差异很大，尺寸大小千差万别，内部构件更是多种多样，但它们都有一个外壳，这个外壳就叫化工容器。所以化工容器是化工生产中所用设备外部壳体的总称。如反应釜、塔器、热交换器、各种贮罐、贮槽等均具有外壳，这个外壳就是容器。由于化工生产中，介质通常具有较高的压力，故化工容器痛常为压力容器。化工容器一般是由筒体（如圆筒壳、圆锥壳、椭球壳）、连接法兰、支座、接口管、人孔、手孔等零部件组成，化工容器总体结构如图3-1所示。

（1）筒体

筒体是化工设备用以储存物料或完成传质、传热或化学反应所需要的工作空

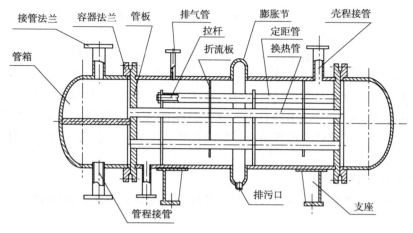

图 3-1　化工容器的总体结构

间，是化工容器最主要的受压元件之一，其内直径和容积往往需由工艺计算确定。圆柱形筒体(即圆筒)和球形筒体是工程中最常用的筒体结构。

（2）封头

根据几何形状的不同，封头可以分为球形、椭圆形、碟形、球冠形、锥壳和平盖等几种，其中以椭圆形封头应用最多。封头与筒体的连接方式有可拆连接与不可拆连接(焊接)两种，可拆连接一般采用法兰连接方式。

（3）密封装置

化工容器上需要有许多密封装置，如封头和筒体间的可拆式连接，容器接管与外管道间可拆连接以及人孔、手孔盖的连接等，可以说化工容器能否正常安全地运行在很大程度上取决于密封装置的可靠性。

（4）开孔与接管

化工容器中，由于工艺要求和检修及监测的需要，常在筒体或封头上开设各种大小的孔或安装接管，如人孔、手孔、视镜孔、物料进出口接管，以及安装压力表、液面计、安全阀、测温仪表等接管开孔。

（5）支座

化工容器靠支座支承并固定在基础上。随安装位置不同，化工容器支座分立式容器支座和卧式容器支座两类，其中立式容器支座又有腿式支座、支承式支座、耳式支座和裙式支座四种。大型容器一般采用裙式支座。卧式容器支座有支承式、鞍式和圈式支座三种；以鞍式支座应用最多。而球形容器多采用柱式或裙式支座。

（6）安全附件

由于化工容器的使用特点及其内部介质的化学工艺特性，往往需要在容器上

27

设置一些安全装置和测量、控制仪表来监控工作介质的参数，以保证压力容器的使用安全和工艺过程的正常进行。

化工容器的安全装置主要有安全阀、爆破片、紧急切断阀、安全联锁装置、压力表、液面计、测温仪表等。

上述筒体、封头、密封装置、开孔接管、支座及安全附件等即构成了一台化工设备的外壳。对于储存用的容器，这一外壳即为容器本身。对用于化学反应、传热、分离等工艺过程的容器而言，则须在外壳内装入工艺所要求的内件，才能构成一个完整的产品。

(二) 化工容器分类

从不同的角度对化工容器及设备有各种不同的分类方法，常用的分类方法有以下几种：

(1) 按压力等级分类

按承压方式分类，化工容器可分为内压容器与外压容器。

① 内压容器：容器内部介质的压力大于外部压力，设计时主要考虑强度问题，内压容器又可按设计压力大小分为四个压力等级，具体划分如表 3-1 所示。

表 3-1　内压容器分类

低压(代号 L)容器 0.1MPa≤p<1.6MPa	低压(代号 L)容器 0.1MPa≤p<1.6MPa
中压(代号 M)容器 1.6MPa≤p<10.0MPa	中压(代号 M)容器 1.6MPa≤p<10.0MPa
高压(代号 H)容器 10.0MPa≤p<100MPa	高压(代号 H)容器 10.0MPa≤p<100MPa
超高压(代号 U)容器 p≥100MPa	超高压(代号 U)容器 p≥100MPa

② 外压容器：容器外部压力大于内部介质压力，设计时主要考虑稳定问题，外压容器中，当容器的内压小于一个绝对大气压(约 0.1MPa)时又称为真空容器。

(2) 按原理与作用分类

根据化工容器在生产工艺过程中的作用，可分为反应容器、换热容器、分离容器、储存容器。

① 反应容器(代号 R)主要是用于完成介质的物理、化学反应的容器。如反应器、反应釜、聚合釜、合成塔、蒸压釜、煤气发生炉等。

② 换热容器(代号 E)主要是用于完成介质热量交换的容器。如管壳式余热锅炉、热交换器、冷却器、冷凝器、蒸发器、加热器等。

③ 分离容器(代号 S)主要是用于完成介质流体压力平衡缓冲和气体净化分离的容器。如分离器、过滤器、蒸发器、集油器、缓冲器、干燥塔等。

④ 储存容器(代号 C，其中球罐代号 B)主要是用于储存、盛装气体、液体、液化气体等介质的容器。如液氨储罐、液化石油气储罐等。

在一台化工容器中，如同时具备两个以上的工艺作用原理时，应按工艺过程的主要作用来划分品种。

（3）按相对壁厚分类

按容器的壁厚可分为薄壁容器和厚壁容器，当筒体外径与内径之比小于或等于 1.2mm 时称为薄壁容器，大于 1.2mm 时称厚壁容器。

（4）按支承形式分类

当容器采用立式支座支承时叫立式容器，用卧式支座支承时叫卧式容器。

（5）按材料分类

当容器由金属材料制成时叫金属容器；用非金属材料制成时，叫非金属容器。

（6）按容器的形状分类

① 方形/矩形：平板焊成，具有制造简便，但承压能力差等特点，只用作小型常压贮槽；

② 球形容器：弓形板拼焊，具有承压好，安装内件不便，制造稍难等特点，多用作贮罐；

③ 圆筒形容器：筒体和凸形或平板封头，具体制造简便，安装内件方便，承压较好等特点，应用最为广泛。

（7）按壁温分类

① 常温容器：工作壁温在 -20~200℃；

② 高温容器：指壁温达到材料蠕变温度的容器。对于碳钢或低合金钢容器，温度超过 420℃，合金钢(Cr-Mo 钢)超过 450℃，奥氏体不锈钢超过 550℃；

③ 中温容器：壁温介于常温和高温之间；

④ 低温容器：在壁温低于 -20℃条件下工作的容器。-40~-20℃之间的为浅冷容器，低于 -40℃者为深冷容器。

（8）按安全技术管理分类

上面所述的几种分类方法仅仅考虑了压力容器的某个设计参数或使用状况，还不能综合反应压力容器面临的整体危害水平。例如储存易燃或毒性程度中度以及上危害介质的压力容器，其危害性要比相同几何尺寸、储存毒性程序轻度或非易燃介质的压力容器大得多。压力容器的危害性还与其设计压力 p 和全容积 V 的乘积有关，pV 值愈大，则容器破裂时爆炸能量愈大，危害性也愈大，对容器的设计、制造、检验、使用和管理的要求愈高。为此，《压力容器安全技术监察规程》采用既考虑容器压力与容积乘积大小，又考虑介质危害程度以及容器品种的综合分类方法，有利于安全技术监督和管理。该方法将压力容器分为三类。

① 第三类压力容器。具有下列情况之一的为第三类压力容器。

a. 高压容器；

b. 中压容器(仅限毒性程度为极度和高度危害介质)；

c. 中压储存容器(仅限易燃或毒性程度为中度危害介质，且 pV 乘积大于等于 $10MPa \cdot m^3$)；

d. 中压反应容器(仅限易燃或毒性程度为中度危害介质，且 pV 乘积 $\geqslant$ $0.5MPa \cdot m^3$)；

e. 低压容器(仅限毒性程度为极度和高度危害介质，且 pV 乘积 $\geqslant 0.2MPa \cdot m^3$)；

f. 高压、中压管壳式余热锅炉；

g. 中压搪玻璃压力容器；

h. 使用强度级别较高(指相应标准中抗拉强度规定值下限大于等于 $540MPa$)的材料制造的压力容器；

i. 移动式压力容器，包括铁路罐车(介质为液化气体、低温液体)、罐式汽车[液化气体运输(半挂)车、低温液体运输(半挂)车、永久气体运输(半挂)车]和罐式集装箱(介质为液化气体、低温液体)等；

j. 球形储罐(容积大于等于 $50m^3$)；

k. 低温液体储存容器(容积大于 $5m^3$)。

② 第二类压力容器。具有下列情况之一的为第二类压力容器。

a. 中压容器；

b. 低压容器(仅限毒性程度为极度和高度危害介质)；

c. 低压反应容器和低压储存容器(仅限易燃介质或毒性程度为中度危害介质)；

d. 低压管壳式余热锅炉；

e. 低压搪玻璃压力容器。

③ 第一类压力容器。除上述规定以外的低压容器为第一类压力容器。

三、化工塔设备的分类和结构

(一) 塔设备的分类

(1) 按操作压力分类

① 加压塔；②减压塔；③常压塔。

(2) 按化工单元操作分类

① 精馏塔；② 吸收塔和解吸塔；③ 萃取塔；④ 反应塔；⑤ 再生塔；⑥ 干燥塔。

（3）按气液接触的基本构件分类

① 填料塔；② 板式塔。

（二）塔设备的结构及构件分类

（1）塔设备的基本结构

塔设备种类包括填料塔和板式塔，均包括一些基本部件，如塔体、支座及塔体附件。

1）塔体。

塔体是塔设备的主要部件，大多数塔体是等直径、等壁厚的圆筒体，顶盖以椭圆形封头为多。但随着装置的大型化，不等直径、不等壁厚的塔体已逐渐增多。塔体除满足工艺条件对它提出的强度、刚度要求外，还应考虑风力、地震、偏心载荷所带来的影响，以及吊装、运输、检验、开停工等情况。塔体材质常采用的有：铸铁、碳素钢、低合金钢、不锈耐酸钢（复层、衬里）等。

2）塔体支座。

塔体支座采用裙式支座。它应当具有足够的强度和刚度，来承受塔体操作重量、风力、地震等引起的载荷。塔体支座的材质常采用碳素钢，也有采用铸铁的。

3）塔体附件。

塔体附件包括：接管；人孔和手孔；吊耳；吊柱；平台和爬梯。

（2）塔设备构件分类

1）填料塔。

填料塔广泛的应用在蒸馏、吸收和解吸操作，而在大型装置中，填料塔的使用范围正在扩大。60 年代后期，直径超过 3m 的填料塔已十分普遍。目前，填料塔不仅可以大型化，而且在某些方面超过了板式塔的规模。所以，近代化学、石油工业中，填料塔的地位变得日益重要。近来，由于塔内采用接触面积较大的矩鞍型或聚丙烯鲍尔环填料，经实践证明，已克服大型填料塔的不足，显示出效率高，处理量大，压力降小等优点。填料塔是化学工业中最常用的气液传质设备之一，在塔内设置填料使气液两相能够达到良好传质所需的接触面积。填料塔具有结构简单，其结构如图 3-2 所示。

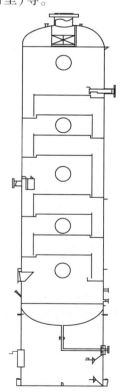

图 3-2　填料塔结构图

填料塔便于用耐腐蚀材料制造，适应性较好。填料塔广泛的应用在蒸馏、吸收和解吸操作，而在大型装置中，填料塔的使用范围正在扩大。目前，填料塔不仅可以大型化，而且在某些方面超过了板式塔的规模。所以，近代化学、石油工业中，填料塔的地位变得日益重要。近来，由于塔内采用接触面积较大的矩鞍型或聚丙烯鲍尔环填料，经实践证明，已克服大型填料塔的不足，显示出效率高，处理量大，压力降小等优点。填料塔由填料、塔设备喷淋装置、液体再分布装置、填料的支承结构和除沫器组成；

① 填料。常用填料的类型：

a. 拉西环：拉西环使用历史悠久，各种参数比较完整；设计与操作经验丰富，外形简单、制造方便；取材容易、造价低廉，适用于非金属耐腐蚀材料制造等优点。但拉西环由于表面积利用率低，因而使塔的生产能力降低，阻力较大，加上自身的形状决定了它沟流和壁流严重，使气液分布不均匀，气-液接触不良。

b. 鲍尔环：鲍尔环除钢制外，还有用陶瓷和塑料制成的。具有阻力小、生产能力高、液体分布均匀、环内表面利用充分、处理量大等优点。

c. 鞍形填料：鞍形填料又分弧鞍形和矩鞍形两种。此种填料常用于吸收操作，处理腐蚀性介质较为适宜，且成本低。近来，又对矩鞍形填料予以改进。它是目前瓷制填料中处理量大，效率较高的一种。

填料使用要求：

a. 填料的选择：填料塔操作的好坏与选用填料的正确与否有很大关系。填料选择的原则如下：单位体积填料的表面积要大；使气液相接触的自由体积要大；对气相阻力要小，即空隙截面积大；重量要轻；机械强度要高；耐介质腐蚀，经久耐用；价格低廉。填料的选择，应根据操作压力和介质来选择填料的材质，根据操作工艺要求，选择填料的型式，根据填料塔径选择填料尺寸。

b. 填料的分类：工业用填料大致分为实体填料和网体填料两大类。

c. 填料材质：选择填料要根据被处理物料的腐蚀性及操作压力，确定使用填料的材质。

d. 填料尺寸选择：填料尺寸选定与塔径尺寸有关，一般要求塔径与填料直径之比不能太小，否则，填料与塔壁的间隙过大，易使液体沿塔壁空隙流下，使截面上液体分布不均。

② 塔设备喷淋装置。在塔顶部装设喷淋装置，可使塔顶引入的液体能沿塔截面均匀分布进入填料层，避免部分填料得不到湿润，降低填料层的有效利用率，影响传质效果。喷淋装置的类型很多，常用有：管式喷淋型、莲蓬头式、盘式、溢流式、槽式、喷淋装置类型、反射板式、冲击式、宝塔式、离心式、机械式塔设备喷淋装置；在塔顶部装设喷淋装置，可使塔顶引入的液体能沿塔截面均

匀分布进入填料层，避免部分填料得不到湿润，降低填料层的有效利用率，影响传质效果。喷淋塔主要设备结构图如图3-3所示。

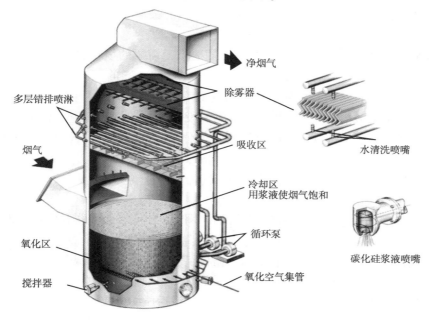

多层错排喷淋

净烟气

除雾器

吸收区

水清洗喷嘴

烟气

冷却区
用浆液使烟气饱和

碳化硅浆液喷嘴

循环泵

氧化区

搅拌器

氧化空气集管

图3-3 喷淋塔主要结构示意图

a. 管式喷淋器：小直径的填料塔（300mm以下）可以采用管式喷淋器，直径小于600mm的塔可采用多孔直管式。该结构的优点是结构简单，缺点是喷淋面积小而且不均匀。对于直径稍大的填料塔（1200mm以下），可以采用多孔环管喷淋器，环状管的下面开有小孔，小孔直径为4~8mm，共有3~5排，小孔面积总和约与管截面积相等，环管中心圆直径D_1一般为塔径D_g的60%~80%。这种喷淋器优点是结构简单，制造及安装方便，但缺点是喷淋面积小，不够均匀，而且液体要清洁，否则小孔易堵塞。

b. 莲蓬头式喷淋器：这种结构是应用最普遍的一种喷淋装置，结构简单，喷淋较均匀。莲蓬头可以作成半球形、碟形或杯形，它悬于填料上方中央处，液体经小孔分股喷出，莲蓬头直径一般为塔径的20%~30%，小孔直径为3~15mm，它的安装位置离填料表面的距离一般约为$(0.5~1)D_g$，此种结构的缺点是容易堵塞，液体分布情况与压头有关，所以适用于料液清洁且料液压头不变或变化不大的情况，一般用于直径600mm以下的塔设备。

c. 溢流型喷淋器：盘式分布器是常用的一种溢流型喷淋装置，液体经过进液管加到喷淋盘内，然后从喷淋盘内的降液管溢流，喷淋到填料上。降液管一般按等边三角形排列，焊接在喷淋盘的分布板上。

d. 冲击型喷淋器：反射板式喷洒器为冲击型的一种，利用液流冲击反射板（可以是平板、凸板或锥形板）以飞溅分布液体。最简单的结构为平板，液体循中心管流下，冲击后分成液滴并向各方飞溅。

③ 液体再分布装置。由于工艺条件的要求，需要的填料层总高度较大，当喷淋液体喷到填料表面后，液体有流向塔壁造成"壁流"的倾向，称为"干锥体"现象，使液体分布不均，降低了填料塔的效率。为避免产生"干锥体"现象，必须在塔结构上采取措施，即沿填料层每隔一段距离，装设液体再分布器，使其在整个高度的填料层内部都得到喷淋液的均匀分布。分配锥是最简单的一种结构，适用塔径在 600~800mm 的塔，α 为 35°~45°，$D_1 = (0.7~0.8)D_g$。器上的通孔是增加气体通过的截面积，使气体通过再分配器时，速度变化不大，该分布器适用塔径 600mm 以上的塔。

④ 填料的支承结构。填料的支承结构不但要有足够的强度和刚度，而且须有足够的自由截面积，否则会增大塔的压力降，使在支承处不致首先发生液泛。在工业填料塔中，最常用的填料支承是栅板，它是用竖扁钢制成。

⑤ 除沫器。除沫器是用来捕集夹带在气相中液滴的装置，装在塔内顶部，它能起到保证传质效率，降低物料损失，改善塔后压缩机或真空泵的操作状况以及减少对环境污染的作用。常见的除沫器有折板除沫器、填料除沫器及丝网除沫器，其中丝网除沫器采用最多，它适用于分离 5μm 的液滴，其除沫率可达 99%。丝网由一定规格编织成的丝网带卷制成盘状物，再用支承板加以固定，丝网带可用金属或非金属材料制成，丝网支承栅板的自由截面积应大于 90%。适用于洁净气体。若在气液中含有黏结物时，则易堵塞网孔，影响塔的正常操作。小型除沫器，该结构适用于除沫器直径与塔径相近的情况。若塔体直径大于 1000mm 以上时，将采取分块结构型式，便于丝网的安装与检修。

2）板式塔：

板式塔因空塔速度比填料塔高，所以生产强度比填料塔大。板式塔的塔板结构示意图如图 3-4 所示，它是决定塔特性的主要因素。塔板的主要部件有：

① 降液管：降液管的作用是使液体由上一层塔板流到下一层塔板。

② 出口堰：出口堰具有维持板上液层高度及使液流均匀的作用。

③ 入口堰：其作用是使上一层板流入的液体能在板上均匀分布，并减少进入处液体水平冲出。

④ 受液盘：降液管与下层塔板至入口堰处称为受液盘，这种结构便于液体的侧线抽出。在低液流量时，仍能造成正液封，具有改变液体流向的缓冲作用。

⑤ 塔板：塔板有整块式或分块式两种。

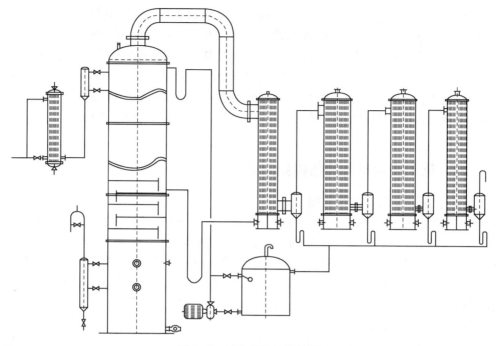

图 3-4　板式塔总体结构图

a. 整块式塔板：此种塔板一般用于塔径小于 800mm、人不便进入安装和检修的塔内。塔体由若干塔节组成，塔节与塔节之间用法兰连接。塔板与塔板之间用管子支承。塔板与塔壁间隙用填料来密封。

b. 分块式塔板：分块式塔板用于塔径在 900mm 以上、人可以进入的塔内。塔体为一焊制整体圆筒，不分塔节，而塔板是分成数块，通过人孔送入塔内，装到焊在塔内壁的塔板固定件上。为了进行塔内清洗和检修，在塔板中央设置一块内部通道板，通道板应为上、下均可拆的。

塔板上的鼓泡构件有泡罩、浮阀等：

a. 泡罩塔板：泡罩塔板所用的泡罩有圆形和条形两类，其主要特点是鼓泡元件各具有升气管。上升气体经升气管由泡罩齿缝吹入液层，两相接触密切，加之板上液层较高，两相接触时间较长，分离效果较好。但由于气体通过泡罩的路线曲折及液层较高，导致压降及雾沫夹带增高等缺点。同时，由于塔板上液面梯度较大，气相分布不均，影响传质效率，这也是泡罩结构所造成的；

b. 浮阀塔板及特点

浮阀塔板具有生产能力大，比泡罩塔板约提高 20%～40%，与筛板塔相近；同时操作弹性大，在较宽的气速变化范围内，板效率变化较小，其弹性范围（即最大负荷与最小负荷之比)为7~9；并且气-液接触状态良好，以及气体为水平方向吹出，雾沫夹带量小，塔板效率高，比泡罩塔效率可提高15％左右；此外液面梯度小，蒸汽分配比较均匀，塔板压降比泡罩塔小，塔板结构简单，安装容易。浮阀塔板结构与泡罩塔板类同。操作时气流自下而上吹起浮阀，从浮阀周边水平方向吹入塔板上液层，进行两相接触。液体则由上一层塔板的降液管流入，经进口堰均布，再横向流过塔板与气相接触传质后，再经溢流堰进入降液管，流入下一层塔板。

四、化工换热设备的结构和分类

（一）换热器的定义及类型

在化肥、化工、炼油工业生产中，常常进行着各种不同的换热过程，特别是近年开发的各种化工工艺，充分进行了热能的综合利用，各种型式的高效、节能换热设备不断推出，应用到不同的冷换操作单元中。例如：加热或冷却、蒸发或冷凝。换热设备就是在生产过程即化学反应或物理反应中实现热能传递的设备，使热量从温度较高的流体传给另一种温度较低的流体。

根据生产工艺的不同，为达到热量的充分利用和满足工艺参数，换热设备可以是热交换器(如两流体介质相互换热)、冷凝器(如用水蒸气冷凝)、加热器(如高温工艺气加热水)、冷却器(如水或液体氨作冷载体)等。在化工生产中，换热设备不但作为一个单独的化工设备，而且在其他设备中也常附有换热设备或换热部分，如蒸馏设备中的回流冷凝器，蒸发设备中的加热，高低变炉和氨合成塔中触媒的换热等，均为重要的不可缺少的化工操作设备。

化工生产流程中，用于汽-液、汽-气、气-气、液-液之间的换热设备，按热量的授受方式可分为：

（1）表面式换热器

表面式换热器是温度不同的两种流体在被壁面分开的空间里流动，通过壁面的导热和流体在壁表面对流，两种流体之间进行换热。表面式换热器有管壳式、套管式和其他型式的热交换器。

（2）蓄热式换热器

蓄热式换热器是借助于由固体构成的蓄热体，把热量从高温流体传递给低温流体，蓄热体与高温流体接触一定时间，接受和储蓄了一定热量，然后与低温流体接触一定时间，把热量释放给低温流体。蓄热式换热器有用在一段炉对流段上的旋转换热器，回收烟气温度用于预热燃烧空气；还有阀门切换式换热器等。

（3）液体间接式换热器

流体连接间接式换热器，是把两个表面式换热器由在其中循环的热载体连接起来的换热器，热载体在高温流体热交换器和低温流体之间循环，在高温流体换热器接受热量，在低温流体换热器把热量释放给低温流体。

（4）直接接触式换热器

直接接触式热交换器是两种流体直接接触进行换热的设备，例如：冷水塔、气体冷凝器等。

另外，换热器按用途还可分为：

① 加热器：把流体加热到必要的温度，但加热流体没有发生相的变化；

② 预热器：预先加热流体，为后序操作提供标准的工艺参数；

③ 过热器：用于把流体(工艺气或蒸汽)加热到过热状态；

④ 蒸发器：用于加热流体，达到沸点以上温度，使其流体蒸发，一般有相的变化。

（二）化工装置常用换热设备结构、性能和特点

（1）管壳式换热器

常用的管壳式换热器有固定管板式、浮头式和 U 形管式。

1）固定管板式换热器。

① 主要由外壳、管板、管束、封头压盖等部件组成，结构如图 3-5 所示。其结构特点是在壳体中设置有管束，管束两端用焊接或胀接的方法将管子固定在管板上，两端管板直接和壳体焊接在一起，壳程的进出口管直接焊在壳体上，管板外圆周和封头法兰用螺栓紧固，管程的进出口管直接和封头焊在一起。管束内根据换热管的长度设置了若干块折流板。这种换热器，管程可以用隔板分成任何程数。

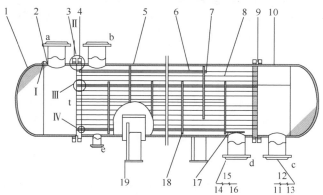

图 3-5　固定管板式换热器结构图

1—排气口；2—封头；3—法兰；4—管板；5—排气口；6—壳体；7—列管；8—支座；
9—定距管；10—折流板；11—膨胀节；12—壳体接管；13—排气口；14—封头接管；15—封头；
16—排气口；17—法兰；18—管板；19—排液口；20—支座；21—接管；22—排液口；23—入口管

② 具有结构简单，造价低，制造容易，管程清洗检修方便等优点。但壳程清洗困难，管束制造后有温差应力存在，当冷热两流体的平均温差较大，或壳体和传热管材料热膨胀系数相差较大、热应力超过材质的许用应力时，在壳体上应设膨胀节，由于膨胀节不能承受较大内压，所以换热器壳程压力不能太高。固定管板式换热器适用于两种介质温差不大（一般应低于30℃），或温差较大但壳程压力不高的条件。

2）浮头式换热器。

① 主要由壳体、浮动式封头管箱、管束等部件组成，结构如图3-6所示。它的一端管板固定在壳体与管箱之间，另一端管板可以在壳体内自由移动，也就是壳体和管束热膨胀可自由，故管束和壳体之间没有温差应力。一般浮头设计成可拆卸结构，使管束可自由地抽出和装入。

② 优点是壳体和管束的温差不受限制，管束清洗和检修较为方便，管程、壳程均容易清扫。缺点是结构复杂，密封要求较高，一旦泄漏在线处理较为困难。一般在温差较大的化工单元操作中设置浮头式换热器。

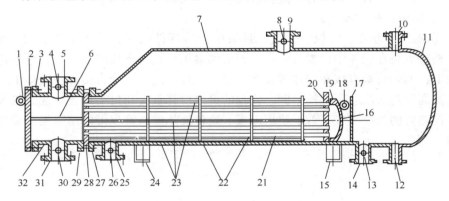

图3-6　浮头式换热器

1—吊环；2—平盖板；3—法兰；4—接口；5—管线接管；6—分程板；7—壳体；8—排气口；9—接管；10—接管；11—封头；12—接管；13—排气口；14—接管；15—支座；16—内封头；17—堰板；18—吊耳；19—浮头衬托；20—浮动管板；21—列管；22—折流板；23—定距管；24—支座；25—接管；26—排液口；27—法兰；28—固定管板；29—法兰；30—排液口；31—接管；32—管箱

3）U形管式换热器。

① U形管式换热器的结构如图3-7所示，其结构特点是换热管做成U形，两端固定在同一块管板上，由于壳体和管子分开，可以不考虑热膨胀，管束可以自由伸缩，不会因为流体介质温差而产生温差应力。U形管换热器只有一块管板，没有浮头，结构比较简单。管束可以自由抽出和装入，方便清洗。由于换热管均做成半径不等的U形弯，最外层损坏后可更换外，其余的管子损坏只有堵

管。同时和固定管板式换热器相比，它的管束的中心部分存有空隙，流体很容易走短路，影响了传热效果，管板上排列的管子也比固定管板式换热器少，体积有些庞大。由于 U 形管曲率半径不一样，也增加了制造程序，加上切管长短不一，流体流动状态下的分布也不均匀，堵管后更减少了换热面积。

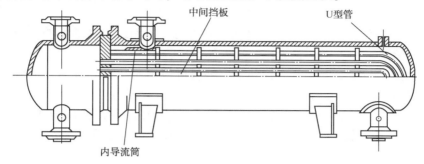

图 3-7　U 形管式换热器

　　② U 形管换热器一般使用于高温高压的场合，在压力高时，须加厚管子弯管段的壁厚。为增加流体介质在壳程内的流速，可在壳体内设置折流板和纵向隔板，以提高传热效果。此外克服了固定管板式和浮头式换热器的缺点，但在 U 形拐弯处很难清洗干净，更换管子较为困难，特别是管板中心部的 U 形管，泄漏后只能堵管，要想更换管子必须从管板处全部切除，造成很大浪费。U 形管换热器适用于两种流体温差较大，且壳程易结垢的条件。

　　（2）板式换热器

　　1）板式换热器是一种高效换热器，在工厂应用中有伞板换热器和平板换热器，化工装置中常用后一种，其结构如图 3-8 所示，主要由传热板片、密封板条、两端压板、固定螺栓、支架、进出口管等部件组成。

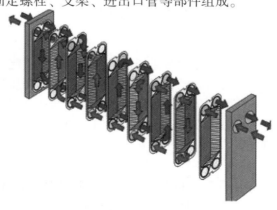

图 3-8　板式换热器结构图

2）板式换热器的特点：

① 体积小，占地面积少。

② 传热效率高，可使在低速下强化传热。

③ 组装方便，当增加换热面积时，只多装板片，进出口管口方位不需变动。

④ 热损失小，不需保温，热损失只为1%左右。

⑤ 拆卸、清洗方便，检修容易在现场进行。特别对于易结垢的介质，板片随时拆下清洗。

⑥ 使用寿命长。一组板式换热器，一般可使用5~8年，而后常因橡胶板条老化而泄漏，拆下后重新粘结板条，组装板片可继续使用。

⑦ 板式换热器的缺点是密封周边较长，容易泄漏，使用温度只能低于150℃，承受压差较小，处理量较小，一旦发现板片结垢必须拆开清洗。

3）传热板片。

传热板片是换热器主要起换热作用的元件，一般波纹做成人字形，其结构如图3-9所示。按照流体介质的不同，传热板片的材质也不一样，大多采用不锈钢和钛材制作而成。制作工艺为平板冲压，大多压成矩形板片。

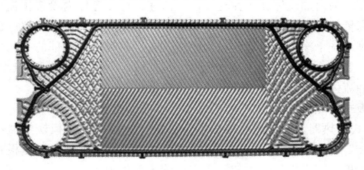

图3-9　传热板片

4）密封板条。

起到防止板式换热器由于密封板条压制错位或者老化引起的泄漏，所以在开始组装或者解体时必须选择合适的密封板条，以适用流体介质的性能。一般选用乙丙胶、丁腈橡胶、氯丁橡胶等，然后用401号黏结剂粘牢固化后组装。对于使用的密封板条应有严格的技术要求，例如：耐温、弹性好，抗大气腐蚀、抗阳光紫外线、抗老化等性能。

5）端盖。

两端盖主要是夹紧压住所有的传热板片，保证流体介质不泄漏，一般为碳素，端盖应平滑，不应有变形、腐蚀、锈蚀等缺陷。

6）固定螺栓。

固定螺栓一般是通杆螺纹，预紧螺栓时，一定用力矩扳手，使固定板片的力均匀。螺纹裸露部分，一定用塑料套管保护，防止锈蚀。

7）支架。

支架是挂传换板片的，对于不同型号的换热器，支架的高度、长度也不一样，同时，支架下部有和基础固定的螺栓。吊装和安装换热器时，严格选择吊点，防止支架变形。

8）进出口管。

进出口管和两端压盖联在一起，值得注意的是在进出口管内衬有橡胶衬套，安装时不能被外部压变形，否则很容易造成泄漏。

（三）化工管路与阀门

化工管路与阀门是化工生产中不可缺少的组成部分，是各类化工设备的纽带，其主要作用是输送和控制各种流体，如气体、液体等。

（1）化工用管的种类

按材质可分为：

1）金属管。

① 铸铁管。铸铁管是化工管路中常用的管道之一。由于性脆及连接紧密性较差，只适用于输送低压介质，不宜输送高温高压蒸汽及有毒、易爆性物质。常用于地下给水管、煤气总管和下水管道。铸铁管的规格以 Φ 内径×壁厚（mm）表示。

② 有缝钢管。有缝钢管按使用压力分普通水煤气管（耐压 0.1～1.0MPa）和加厚管（耐压 1.0～1.5MPa）。一般用于输送水、煤气、取暖蒸汽、压缩空气、油等压力流体。镀锌的叫白铁管或镀锌管，不镀锌的叫黑铁管。其规格以公称直径表示。最小公称直径 6mm，最大公称直径 150mm。

③ 无缝钢管。无缝钢管的优点是质量均匀强度较高。其材质有碳钢、优质钢、低合金钢、不锈钢、耐热钢。因制造方法不同，分为热轧无缝钢管和冷拔无缝钢管两种。管道工程中管径超过 57mm 时，常用热轧管，57mm 以下时常用冷拔管。无缝钢管常用于输送各种受压气体、蒸气和液体，能耐较高温度（约435℃）。合金钢管用于输送腐蚀性介质，其中耐热合金管耐温可达 900～950℃。无缝钢管的规格以 Φ 内径×壁厚（mm）表示。冷拔管最大外径为 200mm，热轧管最大外径 630mm。无缝钢管按用途分为一般无缝管和专用无缝管，如石油裂化无缝管、锅炉无缝管、化肥无缝管等。

④ 铜管。铜管传热效果好，因此主要应用于换热设备和深冷装置的管路，仪表测压管或传送有压力的流体，但温度高于 250℃时，不宜在压力下使用。因

价格较贵，一般使用在重要场所。

⑤铝管。铝具有很好的耐蚀性。铝管常用于输送浓硫酸、醋酸、硫化氢及二氧化碳等介质，也常用于换热器。铝管不耐碱，不能用于输送碱性溶液及含氯离子的溶液。由于铝管的机械强度随着温度的升高而显著降低，故铝管的使用温度不能超过200℃，对于受压管路，使用温度将更低。铝在低温下具有较好的机械性能，故在空气分离装置中大都采用铝及铝合金管。

⑥铅管。铅管常用作输送酸性介质的管路，可输送0.5%～15%的硫酸、二氧化碳、60%的氢氟酸及浓度低于80%的醋酸等介质，不宜输送硝酸、次氯酸等介质。铅管最高使用温度为200℃。

2）非金属用管。

①塑料管。塑料管的优点是耐蚀性好、质量轻、成型方便、容易加工。缺点是强度低，耐热性差。目前最常用的塑料管有硬聚氯乙烯管、软聚氯乙烯管、聚乙烯管、聚丙烯管以及金属管表面喷涂聚烯、聚三氟氯乙烯等。

②橡胶管。橡胶管具有较好的耐腐蚀性能，质量轻，有良好的可塑性，安装、拆卸灵活方便。常用的橡胶管一般由天然橡胶或合成橡胶制成，适用于对压力要求不高的场合。

③玻璃管。玻璃管具有耐腐蚀、透明、易于清洗、阻力小、价格低等优点，缺点是性脆、不耐压。常用于检测或实验性工作场合。

④陶瓷管。化工陶瓷与玻璃相近，耐腐蚀性好，除氢氟酸、氟硅酸和强碱外，能耐各种浓度的无机酸、有机酸和有机溶剂的腐蚀，由于强度低、性脆，一般用于排除腐蚀性介质的下水道和通风管道；

⑤水泥管。主要用于对压力要求、接管密封不高的场合，如地下排污、排水管等。

（2）管件与阀门

管路中除管子以外，为满足工艺生产和安装检修等需要，管路中还有许多其他构件，如短管、弯头、三通、异径管、法兰、盲板、阀门等。我们通常称这些构件为管路附件简称管件。管件是组成管路不可缺少的部分，常用管件有：

1）弯头。

主要用来改变管路的走向，可根据弯头弯曲的程度不同来分类，常见的有90°、45°、180°、360°弯头。180°、360°弯头又称U形弯管。另外还有工艺配管需要的特定角度的弯头。弯头可用直管弯曲或用管子拼焊而成，也可用模压后焊接而成，或用铸造和锻造等方法制成，如在高压管路中的弯头大都是优质碳钢或合金钢锻制而成的，常见弯头结构图如图3-10所示。

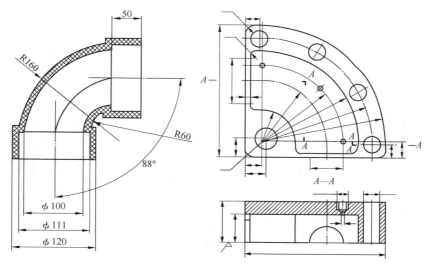

图 3-10　弯头结构示意图

2）三通。

当两条管路之间相互连通或需要有旁路分流时，其接头处的管件称为三通。根据接入管的角度不同，有垂直接入的正接三通、斜接三通。斜接三通按斜接角度来定名称，如 45° 斜三通等。此外按出入口的口径大小分别称谓，如等径三通等。除常见的三通管件外，还常以接口的多少称，例如四通、五通、斜接五通等，常用三通结构如图 3-11 所示。常见的三通管件，除用管子拼焊外，还有用模压组焊、铸造和锻造而成。

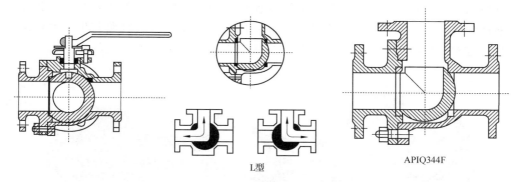

L型　　　　　　　　　　APIQ344F

图 3-11　三通结构示意图

3）短接管和异径管。

当管路装配中短缺一小段，或因检修需要在管路中置一小段可拆的管段时，经常采用短接管。短接管有带连接头（如法兰、丝扣等），或仅仅是一直短管，

43

也称为管垫。将两个不等管径的管口连通起来的管件称为异径管。通常叫大小头。这种管件有铸造异径管，也有用管子割焊而成或用钢板卷焊而成。高压管路中的异径管是用锻件或用高压无缝钢管缩制而成，常用短接管和异径管结构如图3-12所示。

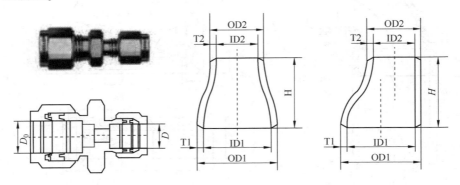

图 3-12　短接管和异径管结构示意图

4）法兰、盲板。

为便于安装和检修，管路中常采用可拆连接，法兰就是一种常用的连接零件。为清理和检查需要在管路上设置手孔盲板或在管端装盲板。盲板还可以用来暂时封闭管路的某一接口或将管路中的某一段管路中断与系统的联系。在一般中低压管路中，盲板的形状与实心法兰相同，所以这种盲板又叫法兰盖，这种盲板同法兰一样都已标准化，具体尺寸可以在有关手册中查到。常用法兰、盲板如图3-13所示。另外在化工设备和管路的检修中，为确保安全，常采用钢板制成的实心圆片插入两个法兰之间，用来暂时将设备或管路与生产系统隔绝。这种盲板习惯叫插入盲板。插入盲板的大小可与插入处法兰的密封面外径相同。

图 3-13　常见法兰、盲板(左)和插入盲板(右)示意图

5）阀门。

用来控制流体在管路内流动的装置称为阀门。其主要作用有：

① 启闭作用——切断或沟通管路中的流体流动；

② 调节作用——调节管路内流体流速、流量；

③ 节流作用——流体流过阀门后，产生很大压力降。

根据阀门在管路的作用不同，可分为切断阀(又称截止阀)、节流阀、止回阀、安全阀等；根据阀门的结构形式不同，可分为闸阀、旋塞(常称考克)、球阀、蝶阀、隔膜阀、衬里阀等。此外，根据制作阀门的材料不同，又分为不锈钢阀、铸钢阀、铸铁阀、塑料阀、陶瓷阀等。各种阀门的选用可查有关手册和样本，这里仅介绍最常见的几种阀门。

① 截止阀。

因结构简单，制造维修方便，在中低压管路中应用广泛。它是利用装在阀杆下面圆形阀盘(阀头)与阀体内凸缘部分(阀座)相配合来达到截止流体流动的目的。阀杆靠螺纹升降可调节阀门的开启程度，起到一定的调节作用，常用截止阀结构如图 3-14 所示。

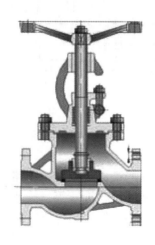

图 3-14　截止阀结构示意图

由于阀门的截流作用是依靠阀头与阀座平面接触密封，不适合用于含有固体颗粒流体的管路上。截止阀可按使用介质特性选用合适的阀头、阀座、壳体的材料。对于使用中因密封不好或阀头、阀座等零件损坏的阀门，可以采取光刀、研磨、堆焊镶套等办法修复使用，以延长阀门使用寿命。

② 闸阀。

闸阀靠与介质流动方向垂直的一块或两块平板，同阀体密封面相配合达到封闭的目的。阀板的升起就使阀门开启。平板随阀杆的旋转而升降，用开启的大小调节流体的流量。具有阻力小、密封性能好、开关省力等特点，适用于大口径的管路上；但闸阀的结构比较复杂、种类较多。根据阀杆结构不同，有明杆和暗杆之分；根据阀板的结构形式又分为楔式、平行式等。一般楔式阀板为单阀板，平行式多用两块阀板。平行式比楔式容易制造，好修理，使用中不易变形，但不宜用于输送含有杂质的流体管路中，多用于输送水、干净气体、油类等管路中。常用闸阀示意图如图3-15所示。

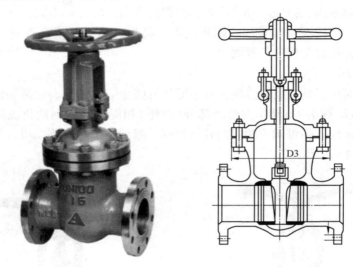

图 3-15　闸阀结构示意图

③ 旋塞。

俗称考克，它是利用阀体内插入一个中央带孔的锥形栓塞启闭管路。旋塞根据密封形式不同，可分填料旋塞、油密封式旋塞和无填料旋塞等。旋塞的结构简单，外形尺寸小，启闭迅速，操作方便，流体阻力小，便于制成三通路或四通路的分配或切换阀门。旋塞的密封面大，容易磨损，开关时费力，不易调节流量，但切断迅速。旋塞可用于压力和温度较低或介质中含有固体颗粒的流体管路中，但不宜用于压力较高、温度较高或蒸汽管路中。

④ 节流阀。

属于截止阀的一种，其阀头的形状为圆锥形或流线形，可以较好的控制调节流体的流量或进行节流调压等。该阀制作精度要求较高，密封性能好。主要用于仪表控制或取样等管路中，但不宜用于黏度大和含固体颗粒介质的管路中。常用节流阀结构图如图3-17所示。

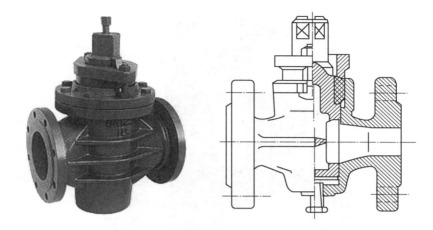

图 3-16 旋塞

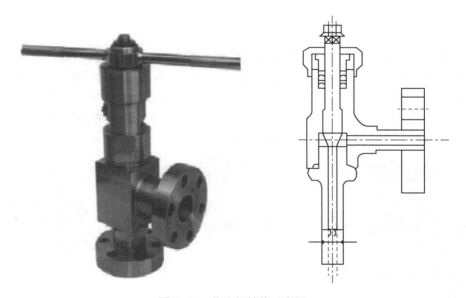

图 3-17 节流阀结构示意图

⑤ 球阀。

又称球心阀，是近几年发展较快的一种阀门。它利用一个中间开孔的球体作阀心，依靠球体的旋转来控制阀门的开或关。它和旋塞相仿，但比旋塞的密封面小，结构紧凑，开关省力，远比旋塞应用广泛。随着球阀制造精度的提高，球阀不仅在中低压管路中使用，而且已在高压管路中应用。但由于密封材料的限制，目前还不宜用于高温管路中。常见球阀结构如图 3-18 所示。

图 3-18　球阀结构示意图

⑥ 隔膜阀。

这种阀门的启闭是一块特制的橡胶膜片，膜片夹置在阀体与阀盖之间，关闭时阀杆下的圆盘把膜片压紧在阀体上达到密封。这种阀门结构简单，密封可靠，便于检修，流体阻力小。适用于输送酸性介质和带悬浮物的流体管路中，但一般不宜用于较高压力或温度高于 60℃ 的管路，不宜用于输送有机溶剂和强氧化介质的管路中。常见隔膜阀如图 3-19 所示。

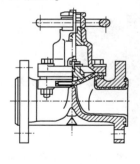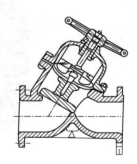

图 3-19　隔膜阀结构示意图

⑦ 止回阀。

又称止逆阀或叫单向阀。安在管路中使流体只能向一个方向流动，不允许反向流动。它是一种自动关闭阀门，在阀体内有一个阀瓣或摇板。当介质顺流时流体将阀瓣自动顶开；当流体倒流时，流体（或弹簧力）自动将阀瓣关闭。常见止回阀结构如图 3-20 所示。

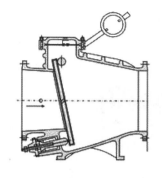
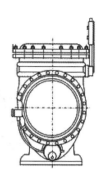

图 3-20　止回阀结构示意图

　　按止回阀结构的不同，分为升降式和旋启式二类。升降式止回阀瓣是垂直于阀体通道升降运动的，一般用于水平或垂直管道上；旋启式止回阀的阀瓣常称为摇板，摇板一侧与轴连接，摇板可绕轴旋转，旋启式止回阀一般安装在水平管道上，对于小口径的也可以安装于垂直的管道上，但要注意流量不宜太大。

　　止回阀一般适用于清洁介质的管路中，对含有固体颗粒和黏度较大的介质管路中不宜采用。升降式的止回阀封闭性能比旋启式的好，但旋启式的止回阀流体阻力比升降式的小。一般情况下旋启式止回阀适用于大口径的管路中。

　　⑧ 蝶阀。

　　蝶阀是靠管内一个可以转动的圆盘（或椭圆盘）来控制管路启闭的阀门。它结构简单，外形尺寸小。由于密封结构及材料问题，该阀门封闭性能较差，只适用于低压、大口径管路中的调节，常用在输送水、空气、煤气等介质的管路中。常见蝶阀结构如图 3-21 所示。

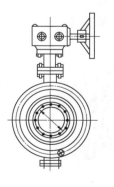
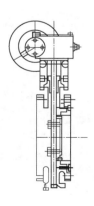

图 3-21　蝶阀结构示意图

⑨ 减压阀。

是将介质压力降低到一定数值的自动阀门，一般阀后压力要小于阀前压力的50%，它主要靠膜片、弹簧、活塞等零件利用介质的压差来控制阀瓣与阀座的间隙达到减压的目的。常见减压阀结构示意图如图3-22所示。

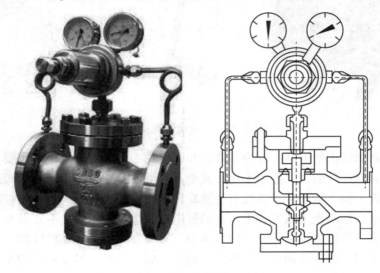

图3-22　减压阀结构示意图

⑩ 衬里阀。

为防止介质的腐蚀，有的阀门需要在阀体和阀头等衬耐腐蚀的材料（如铅、橡胶、搪瓷等），衬里材料应根据介质的性质来选用。为衬里方便，衬里阀门大多制成直角式或直流式。常见衬里阀如图3-23所示。

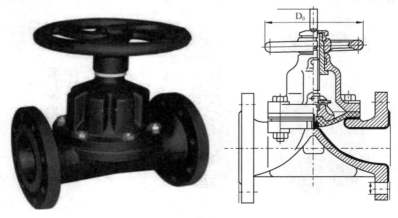

图3-23　衬里阀结构示意图

⑪ 安全阀。

为确保化工生产的安全，在有压力的管路系统中，常设有安全装置，即选用一定厚度的金属薄片，像插入盲板一样装在管路的端部或三通接口上。当管路内压力升高时，薄片被冲破从而达到泄压目的。爆破板一般用于低压、大口径的管路中，但在大多数化工管路中则用安全阀，安全阀大致可分为两大类，即弹簧式和杠杆式。

安全阀的选用，是根据工作压力和工作温度决定公称压力的等级，其口径大小可参考有关规定计算确定。安全阀的结构型式、阀门的材质均应按介质的性质、工作条件选用。安全阀的起跳压力、试验及验收等均有专门规定，由安全部门定期校验、铅封打印。在使用中不得任意调节，以确保安全。常见安全阀结构如图 3-24 所示。

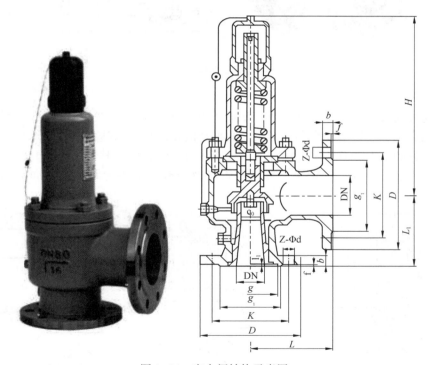

图 3-24　安全阀结构示意图

6）管路的连接。

管路的连接包括管道与管道的连接、管道与各种管件、阀门及设备接口等处的连接。目前普遍采用的有：法兰连接、螺纹连接、焊接连接、承插式连接、填料式连接等。

　　① 法兰连接。

　　这是一种可拆式的连接，与法兰相同，法兰盘与管道固定在一起，且采用与设备法兰相同的密封面型式及垫片实现可靠的密封；常见法兰连接如图 3-25 所示。

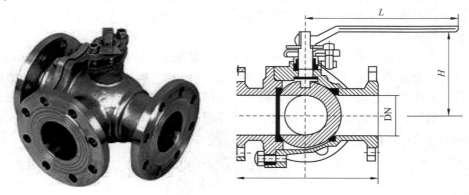

图 3-25　法兰连接结构示意图

　　② 螺纹连接。

　　这种连接常用白漆加麻丝或四氟膜缠绕在螺纹表面，然后将螺纹配合拧紧，主要依靠锥管螺纹的咬合和在螺纹之间加敷的密封材料来达到密封。这种连接方法可以拆卸，但没有法兰连接方便，且密封可靠性较低，其使用压力和温度不宜过高。大多用于水煤气钢管、自来水管路及一般生活用管路和机器润滑油管路中；常见螺纹连接如图 3-26 所示。

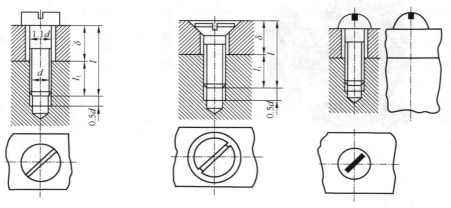

图 3-26　螺纹连接结构示意图

　　③ 焊接连接。

　　这是一种不可拆连接结构，是用焊接的方法将管道和各管件、阀门直接连成一体的。这种连接密封非常可靠、结构简单、便于安装，但给检修工作带来不便。管路的焊接有对接、搭接、带衬环的对接、加管箍焊接等，可根据管路材料和施工要求选用。

④ 承插式连接。

它的管口是特制的，管端套入后，在承插处的空隙中填入密封材料如麻、水泥、铅等填料以达到密封目的。这种连接常用于公称压力 0.6MPa 以下的管路中，同时对于铸铁管道和非金属管道(如水泥管、陶瓷管等)在密封要求不高的情况下也可采用这种连接，常见承插式连接如图 3-27 所示。

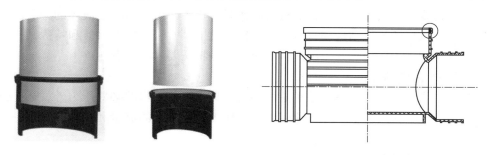

图 3-27　承插式连接结构示意图

⑤ 填料函式连接。

这种结构靠压紧填料来达到密封目的，其特点是管道可以自由伸缩，以补偿管路因温度变化而引起的长度变形。该连接适用于公称压力 1.6MPa 以下的管路中，常见填料函式连接如图 3-28 所示。

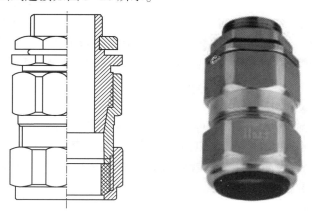

图 3-28　填料函连接结构示意图

第二节 化工用机泵概述及其分类

一、化工泵的概述

在化工装置中，使用着各种各样的泵，这些泵作为化工生产中的一个要素，有助于生产过程中液体的流动和化学反应的进行，对提高工厂生产率起着相当重要的作用。

通常我们把增加液体能量的机器叫作泵。化工泵由于所输送液体的种类和性质不同，选择的泵的结构和材料也不一样，化工泵常选些特殊材质和特殊结构的泵来满足化工工艺的需要。因此，对化工泵的特殊要求有以下几点。

（一）能适应化工工艺条件

泵在化工生产中，不但输送液体物料并提供工艺要求的必要压力外，还必须保证输送的物料量，在一定的化工单元操作中，要求泵的流量和扬程要稳定，保持泵高效率可靠运行。

（二）耐腐蚀

化工泵输送的介质，包括原料、反应中间物等往往多为有腐蚀性介质。这就要求泵的材料选择适用和合理，保证泵的安全、稳定、长寿命运转。

（三）耐高温或低温

化工泵输送的高温介质，有流程液体物料，也有反应过程所需要和所产生的载热液体。例如：冷凝液泵、锅炉给水泵、导热油泵。化工泵输送的低温介质种类也很多，例如：液氧、液氮、甲烷等，泵的低温工作温度大都在$-100 \sim -20$℃。

不管输送高温或低温的化工泵，选材和结构必须适当，必须有足够的强度，设计、制造的泵的零件能承受热的冲击、热膨胀和低温冷变形、冷脆性等的影响。

（四）耐磨损、耐冲刷

由于化工泵输送的物液中含有悬浮固体颗粒，同时泵的叶轮、腔体也有的在高压高流速下工作，泵的零部件表面保护层被破坏，其寿命较短，所以必须提高化工泵的耐磨性、耐冲刷性，这就要求泵的材料选用耐磨的锰钢、陶瓷、铸铁等，选用耐冲刷的钛材、锰钢等。

（五）无泄漏

化工泵输送的液体介质多数为易燃、易爆、有毒有害，一旦泄漏严重污染环境，危及人身安全和职工的身心健康，更不符合无泄漏工厂和清洁文明工厂的要求，这就必须保证化工泵运行时不泄漏，在泵的密封上采用新技术新材料，按规程操作，高质量检修。

二、化工泵的分类

化工泵的类型繁多，通常按其不同的工作原理可分以下几类。

（一）容积式泵

容积式泵是利用泵缸体内容积的连续变化输送液体的泵，如往复泵、活塞泵、齿轮泵、螺杆泵。

（二）叶片泵

叶片泵是指通过泵轴旋转时带动各种叶轮叶片给液体以离心力或轴向力压送液体到管道或容器的泵，如离心泵、旋涡泵、混流泵、轴流泵等。

（三）液体动力泵

它是依靠另一种工作流体的流量流速抽送液体或压送液体的动力装置。例如喷射泵、空气升液器等。

三、离心泵的工作原理、结构和作用

（一）离心泵的工作原理

在化工装置中使用的各种泵，一般来说是把所需要的一定量的液体打到工艺所要求的高度，或送入有一定压力的容器。这种在单位时间内所输送的液体量即为泵的流量，其单位通常用 L/s 或 m³/h 表示。所要求的高度或所要求的压力，即相当于泵的扬程。实际扬程加上输送液体的管路内各种损失压头，即为泵的总扬程，单位通常用液柱高度(m)来表示。

离心泵开泵之前，打开出入管道阀，泵体内应充满流体，当泵叶轮转动时，叶轮的叶片驱使流体一起转动，使流体产生了离心力，在此离心力的作用下，流体沿叶片流道被甩向叶轮出口，经扩压器、蜗壳送入排出管。流体从叶轮获得能量，使压力能和速度能增加，当一个叶轮不能满足流体足够能量时，可用多级叶轮串联，获取较高能量。

在流体被甩向叶轮出口的同时，叶轮中心入口处的压力显著下降，瞬时形成了真空，入口管的流体经泵吸入室进入了叶轮中心，这样当叶轮不停地旋转，流体就不断地被吸入和排出，将流体送到管道和容器中。

离心泵的工作过程，就是在叶轮转动时将机械能传给叶轮内的流体，使它转换为流体的流动能，当流体经过扩压器时，由于流道截面大，流速减慢，使一部分动能转换成压力能，流体的压力就升高了。所以流体在泵内经过两次能量转换，即从机械能转换成流体动能，该动能部分地又转换为压力能，从而泵就完成输送液体的任务。

（二）离心泵结构与作用

离心泵主要由吸入、排出部分，叶轮和转轴、轴密封，扩压器和泵壳等四大部分组成，主要部件的结构与组成如图 3-29 所示。

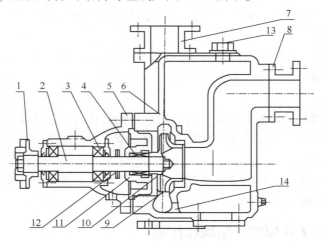

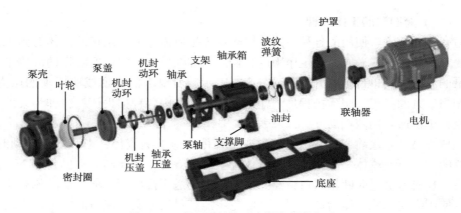

图 3-29　离心泵结构示意图与部件组成

1—联轴器；2—泵轴；3—轴承；4—机械密封；5—轴承体；6—泵壳；7—出口座；8—进口座；
9—前密封环；10—叶轮；11—后盖；12—挡水圈；13—加液孔；14—回液孔

（1）叶轮

1）叶轮的形状。

叶轮是抽送液体作用的主体，是离心泵最重要的部件，离心泵是由叶轮的离心力作用，给予抽送流体以速度能，并将该速度能的一部分转换为压力能，提高流体的压力和速度，完成泵输送液体的过程。

泵叶轮的形状随着比转数的不同有不同的差别，叶轮按比转数从小到大的顺序和液体在叶轮中流动的方向，可分为径流式叶轮、混流式叶轮、斜流式叶轮、轴流式叶轮，不同形状叶轮如图 3-30 所示。若按叶轮结构可分为闭式叶轮、开式叶轮、诱导轮全开式叶轮、半开式叶轮。

图 3-30 叶轮形状结构示意图

① 闭式叶轮：其前面和后面分别由前盖板、后盖板、叶片、轮毂组成，叶轮内形成完全密封的流道。闭式叶轮扬程高、效率高，广泛应用到化工装置中无杂质的流体介质上。

② 诱导轮全开式叶轮：是在叶轮前部焊接带有螺旋状的""头诱导片，叶轮可适用高转速、高扬程、容易汽化的流体。

③ 半开式叶轮：没有前盖板，只有后盖板和叶片、轮毂，可输送含有固体颗粒的液体。

④ 开式叶轮：只有后盖板而没有前盖板，后盖板尺寸较小，故扬程较低。多用于有磨损介质和泥沙泵。

2）叶片数量。

如上所述，叶轮具有各种形状。叶轮的作用和其中的能量损失与叶片数量和叶片流道的大小、弯曲、扩散、粗糙度、叶片间的相互重叠、叶片厚度、叶片出口角度、叶片两端的形状等诸多因素有关。

离心泵叶轮叶片数越多，其泵的口径、流量越大，比转数越低；比转数越高，叶片数越少。

若按吸入型式不同，叶轮又可分为单吸式和双吸式。

① 单吸式离心泵。流体只能从一侧吸入，叶轮悬臂支承在转轴上，叶轮受力状态不好，只适用于小流量范围。常见单吸式离心泵结构如图 3-31 所示。

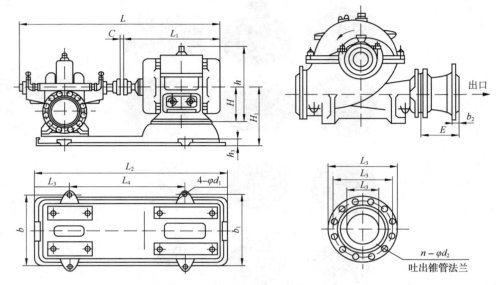

图 3-31　单吸式离心泵结构示意图

② 双吸式离心泵。和单吸式离心泵相比，在流量和总扬程相同的情况下，双吸叶轮的比转数小，故一般来说其吸入性能好。双吸式叶轮流体由双面吸入叶轮，改善了汽蚀性，同时泵转子受力状态也好。另外，还有按级数分的，有单级泵、多级泵；还有按泵轴方向分的，有卧式泵、立式泵；还有按速度能的转换方式分的，有蜗壳泵、透平泵。但不管哪种分类的方式，其结构的工作原理是一样的。常见双吸式离心泵结构如图 3-32 所示。

（2）泵壳

泵壳是泵结构的中心，其型式也比较多。

1）水平剖分式：这种型式的泵壳是在通过轴心的水平剖分面上分开。拆卸泵壳时和吸入、排出管道无关，维修比较方便。

2）垂直剖分式：这种型式的泵壳是在垂直轴心的平面上剖分，不易泄漏，当维修时必须拆卸进出口管道，所以维修不如水平剖分式泵壳方便。

3）倾斜剖分式：这种型式的泵壳是从前端吸入，从上面排出，泵壳在通过轴心的倾斜面上剖分，不拆卸吸入和排出管道，只拆开上半部泵壳即可检修内部。

图 3-32　双吸式离心泵结构示意图

4）筒体式：这种型式的泵是把泵壳制作成筒体式的，对于压力非常高的泵，用单层泵体难以承受其压力，所以采用双层泵体。筒体式泵壳承受较高压力，其内安装水平剖分式或垂直剖分式的转子，在化肥装置中高温高压的锅炉给水泵多是筒体式多级离心泵。

若按泵壳的支承型式可分为标准支承式、中心支承式、悬臂式、管道式、悬挂式。

1）标准支承式：这种型式的泵，一般是卧式，在泵体两侧带有支脚，支脚用螺栓固定在底座上。

2）中心支承式：这种型式的泵，泵壳下侧的支脚安装在底座上，可适应输送高温流体而造成泵壳热膨胀应力的影响。

3）悬臂式：这种型式的泵，泵壳是一整体，并将泵体与吸入盖的组合件安装在轴承托架上。结构紧凑，拆卸方便。

4）管道式：这种型式的泵壳是作为管道的一部分和管道联接在一起的，并由管道支承。检修时，不需拆下与管道联接的泵体，就可以检修泵的转子和电动机。

5）悬挂式：这种型式的泵是泵壳装在排出管道上，泵壳在排出管以下部分悬挂在吸入容器上，泵壳是垂直剖分式的。

四、机械密封

机械密封是用来防止旋转轴与机体之间流体泄漏的密封，是由一对垂直于旋转轴线的端面在弹性补偿机构和辅助密封的配合下相互贴合并相对旋转而构成的密封装置。由于密封面是端面，故也叫端面密封。

（一）机械密封工作原理

在旋转轴的各种机械密封类型中，尽管结构形式不相同，但其工作原理是一样的。图3-33所示是一简单的机械密封。旋转轴和装在轴上的动密封环一起旋转，静环安装在壳体上。轴旋转时，动、静环形成了摩擦副，动、静环之间的间隙决定了工作为某一压力的流体介质的泄漏量。

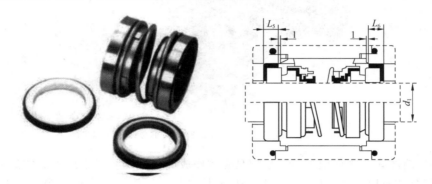

图3-33　机械密封结构示意图与工作原理

在机械密封的总体装置中，其密封面也就是容易造成流体介质泄漏的面有四处：

1）主密封面。如上述的动环和静环形成摩擦副的面，密封流体介质的压力和弹性元件(弹簧、波纹管)的弹力对这一密封面产生一压紧力，使之紧密贴合在一起。在摩擦副两端面之间存在一层很薄的润滑膜，离心泵使用的机械密封，润滑膜处于全液体湿润摩擦状态，端面之间流体润滑膜的压力在不同程度上平衡了端面的预紧力。一般机械密封的端面是镜面光洁度，使比压均匀，贴合紧密，达到无泄漏的目的。

2）静环与压盖之间的密封面。这密封面属静密封面，通常按流体的特性选用相应的O形圈进行辅助密封，防止流体从静环与压盖之间泄漏。

3）动环与轴或轴套之间的密封，这也是静密封面。对于动环为补偿环的旋转式密封来讲，在端面跳动不同步及磨损时，该辅助密封可做较小的轴向移动，一般用作弹簧和波纹管来作为辅助密封元件。

4）压盖与壳体之间的密封，这也是静密封，通常用O形环进行密封，但在安装时，要保证端盖和装静环的端面对轴线的垂直度。

（二）机械密封的结构和零件的功用

机械密封主要由补偿环与非补偿环、弹性元件与弹簧座、密封圈、传动机构

和防转机构五部分组成，其基本结构如图3-34所示，

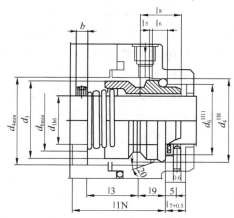

图3-34　机械密封基本结构示意图

1）补偿环与非补偿环。补偿环是具有轴向补偿功能的密封环，通称静环，一般不随轴转动，通过弹性体进行补偿。非补偿环是不具有轴向补偿能力的密封环，一般通称动环。两者端面贴合在一起形成密封，起主要密封作用。静环用低硬度材料，例如浸金属石墨、聚四氟乙烯等，端面较窄；动环用高硬度材料，例如碳化钨、钴铬钨等，端面较宽。

2）弹性元件与弹簧座。弹性元件是指弹簧或波纹管或具有弹性的密封元件，它构成了加载、补偿、缓冲作用的装置，从而能保证机械密封在安装后端面贴合，磨损时及时补偿，振动或窜动时缓冲的功用。弹性元件产生的弹力大小必须能够克服补偿环辅助密封圈在轴或轴套上滑动时的摩擦阻力；过大的弹性力（预紧力）会使端面磨损加快，严重影响机械密封的性能。弹性元件可以是单拉弹簧圆锥形螺旋弹簧，可以是腔室内放置多个周向布置的圆柱螺旋弹簧，可以是成对的波形弹簧或有伸缩性的波纹管。放置弹簧的腔体可以做成多种型式，但弹簧必须固定地放置在弹簧座内，而且轴向方向和径向方向不允许有振动和窜动。

3）弹性元件中还有辅助的密封圈。其中补偿环辅助密封圈可制做成O形、V形、凹形的截面，常用来密封补偿环与轴、轴套之间的泄漏面。弹性元件中的辅助密封圈，也有非补偿环辅助密封圈，它在轴旋转时，用以密封非补偿环与端盖之间的泄漏，可以制做成O形、V形、凹形、口形的截面。

4）传动机构。该部件有用凸轮、凹坑、柱销、拨叉等方式来传动转矩，它多设置在弹簧座和补偿环上。

5）防转机构。一般制作成销钉和防转块，可克服旋转时密封装配松动而强制性的转矩作用。

（三）机械密封的分类

1）按弹簧元件旋转或静止可分为：旋转式内装内流非平衡型单端面密封，简称旋转式；静止式外装内流平衡型单端面密封，简称静止式。

2）按静环位于密封端面内侧或外侧可分为：内装式和外装式。

3）按密封介质泄漏方向可分为：内流失和外流式。

4）按介质在端面引起的卸载情况可分为：平衡式和非平衡式。

5）按密封端面的对数可分为：单端面和双端面。

6）按弹簧的个数可分为：单弹簧式和多弹簧式。

7）按弹性元件分类：弹簧压缩式和波纹管式。

8）按非接触式机械密封结构分类：流体静压式、流体动压式、干气密封式。

9）按密封腔温度分类：高、中、普、低温密封。

10）按密封腔压力分离：超高、高、中、低压机械密封。

（四）离心泵机械密封的选用

离心泵广泛地用于化学工业中，化学工业涉及的流体介质大多是高温、高压和有腐蚀性的，根据工厂变化的工艺条件，选择使用比较适合的机械密封是现场机械工程师的职责。选择的准则，有以下几项：主密封环元件的材料应随压力、转速、化学性质、温度、压差而确定。

1）适用于操作温度：

① 动、静环在操作温度下结构稳定性；

② 密封元件耐热冲击性；

③ 密封面润滑膜的特性；

④ 速度、压力下的适用性。

2）能避免密封面周围产生过热。

3）防止工艺液体可能发生的闪蒸、润滑和汽化。

（五）离心泵机械密封的使用、维修和失效分析

机械密封的种类和配置型式虽然很多，但主要元件是一样的，机械密封使用寿命的长短，还要取决于综合的机械密封的全系统，包括辅助密封的冷却液、缓冲液等以及安装–试车的全过程。

（1）安装前的检查

机械密封安装前，应作详细周密地检查，防止密封过早失效，检查的内容如下。

1）密封腔尺寸的复查；

2）轴的轴向总窜动量符合技术要求；

3）轴的径向游动量符合标准；

4）轴的旋转中心线与密封端面的垂直度符合转速范围内的技术标准；

5）轴的旋转中心线与密封腔孔的同心度应在要求以内；

6）不允许外部的管道振动等因素影响机械密封的使用性能；

7）轴和轴套的表面粗糙度符合图纸要求；

8）密封元件保持清洁，并作静态试漏试验。

（2）实施安装的程序

1）安装主密封件；

2）按说明书安装顺序进行弹性元件的安装；

3）保证弹簧的正确位置和到位；

4）使用专用工具紧固螺钉。

（3）辅助设备和密封系统

正确使用机械密封，除其工艺参数必须保证符合要求之外，辅助系统例如密封水的清洁、压力、流量等须达到机械密封的要求，所以它应使以下项目保证完好。

1）冷却、润滑、管道冲洗干净；

2）热交换器、冷却器保持高效率；

3）监测、控制仪表可靠；

4）启动运行和停车，严格按操作规程执行；

5）发现泄漏和异常现象一定立即停机检查修理。

机械密封应用在离心泵上，停机的原因 80% 以上是因为机械密封的失效造成的。失效表现的现象大都是泄漏，一般泄漏面和原因有以下几种。

1）动、静环密封面的泄漏。查其原因有：

① 端面平面度、粗糙度未达到要求，或表面有划伤；

② 端面间有颗粒物质，造成两端面不能同样运行；

③ 安装不到位，方式不正确。

2）补偿环密封圈泄漏。查其原因有：

① 密封圈质量不符合技术要求；

② 安装时挤压变形；

③ 密封圈所密封的表面有缺陷；

④ 密封圈和介质不相容。

3）非补偿环密封圈泄漏。查其原因有：

① 压盖变形，预紧力不均匀；

② 安装不正确；

③ 密封圈质量不符合标准；

④ 密封圈选型不对。

从实际使用中看密封元件失效最多的部位是动、静环的端面，因此，在检修时不但要详细分析泄漏的部位，更重要的是从端面失效的形式找出造成这种损坏的原因。

4）离心泵机封动、静环端面出现龟裂是常见的失效现象。查其原因：

① 安装时密封面间隙过大，冲洗液来不及带走摩擦副产生的热量，或者是冲洗液从密封面间隙中漏走，造成端面过热而损坏；

② 液体介质汽化膨胀，使两端面受汽化膨胀力而分开，当两密封面用力贴合时，润滑膜破坏从而造成端面表面过热；

③ 液体介质润滑性较差，加之操作压力过载，两密封面跟踪转动不同步，例如高转速泵转速为 20445r/min，密封面中心直径为 7cm，泵运转后其线速度高达 75m/s，当有一个密封面滞后不能跟踪旋转，瞬时高温造成密封面损坏；

④ 密封冲洗液孔板或过滤网堵，造成水量不足，使机封失效。

5）密封面表面滑沟，端面贴合时出现缺口。分析其原因：

① 液体介质不清洁，有微小质硬的颗粒，以很高的速度滑入密封面，将端面表面划伤而失效；

② 机泵传动件同轴度差，泵开启后每转一周端面被晃动摩擦一次，也就是说动环运行轨迹不同心，造成端面汽化、过热磨损；

③ 液体介质水力特性的频繁发生引起泵组振动，造成密封面错位而失效。

另外，还有液体介质对密封元件的腐蚀、应力集中、质量、软硬材料配合、冲蚀、辅助密封 O 形环、V 形环、凹形环与液体介质不相容、变形等都会造成机械密封表面损坏失效，所以对其损坏形式要具体情况具体分析，不能一坏就修，一修就换。一定要综合分析，找出根本原因，保证机械密封长时间运行。

五、往复泵、流体动力泵等的特性与类型

（一）往复泵的特性及类型

化工用泵中往复泵的种类较多，使用和维修都比较简单，其类型主要决定于液力端型式、驱动及传动方式、缸数及液缸布置，常使用的有单缸活塞泵、单缸柱塞泵、多缸活塞泵、多缸柱塞泵、隔膜泵。按结构型式往复泵结构简图如图3-35 所示。

往复泵的特性特别是理想工作过程的特性适用于小流量高扬程的工作条件。活塞（柱塞）往复一次，称为一个工作循环；在一个工作循环中，泵各吸入和排出一次液体。这种泵称为单作用泵；在一个工作循环中，泵各吸入和排出二次液体。这种泵称为双作用泵。活塞（柱塞）由一端移至另一端的最大距离，称为一

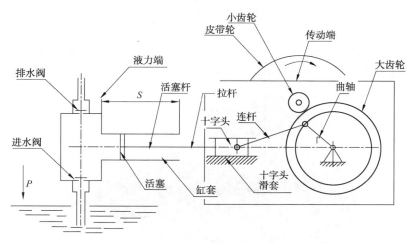

图 3-35 往复泵装置结构简图

个行程。吸入时工作腔完全被液体充满并无任何损失，所以往复泵的主要性能有以下两点：

1）液缸体（泵头）和吸入管路必须严格密封，不得漏气，否则泵不能正常吸水；

2）由于往复泵是依靠大气压力与液缸体内压力表差吸水，往复泵的吸水高度理论上不能超过 10m。

往复泵启动时不需灌入液体，因往复泵有自吸能力，但其吸上真空高度亦随泵安装地区的大气压力、液体的性质和温度而变化，故往复泵的安装高度也有一定限制。

（二）流体动力泵的特性

化工厂常用的流体动力泵为喷射泵，泵内没有运动零部件，结构简单，工作可靠，制作、安装和维护都很方便，密封性好，可兼作混合反应设备，各种带压汽、气、液体都可直接作为工作流体动力。

喷射泵主要由喷嘴、喉管入口、喉管、扩散室、混合室等组成。当具有一定压力的工作液体通过喷嘴以一定的速度喷出时，由于射流质点的横向紊动扩散作用，将吸入管的空气带走，管内形成了真空，低压流体即被吸入。两股流体在喉管内混合并进行能量交换，工作流体的速度减少，被吸流体的速度增加，在喉管出口，两流体动能趋近一样，压力也在逐渐增加，混合流体通过扩散管后，大部分动能转换为压力能，压力进一步有了提高，最后排出。

（三）螺杆泵的特性

螺杆泵是一种容积式泵，依靠螺杆相互啮合空间的容积变化来输送液体的。

当螺杆转动时吸入腔一端的密封线连续地向排出腔一端作轴向移动，使吸入腔容积增大，压力降低，液体在压差作用下沿吸入管进入吸入腔。随着螺杆的转动，密封腔内的液体连续而均匀地沿轴向移动到排出腔，由于排出腔一端的容积逐渐缩小，即把液体排出。常用螺杆泵结构如图3-36所示。

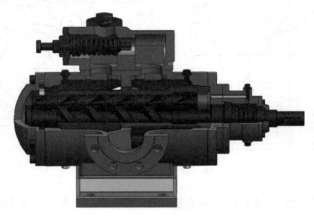

图3-36　螺杆泵结构示意图

螺杆泵的特性是流量和压力脉动较小，噪声不大，使用寿命长，有自吸能力，结构简单紧凑。根据工艺需要可设计成单、双螺杆、三螺杆、五螺杆。

（四）齿轮泵的特性

齿轮泵是依靠齿轮在相互啮合过程中所引起的工作空间容积变化来输送液体的，工作空间由泵体、侧盖和齿轮的各齿间槽构成，其结构如图3-37所示。当一对齿轮按一定的方向转动时，位于吸入腔的齿逐渐退出啮合，使吸入腔的容积逐渐增大，压力降低，液体沿吸入管进入吸入腔，直至充满齿间，随着齿轮的转动，液体被带到排出腔强行送到泵的出口进入管道。齿轮泵结构简单、维修方便，广泛用于输送不含颗粒的各种液体，化肥厂常用作润滑油泵、燃油泵和液压传动装置中的液压泵。

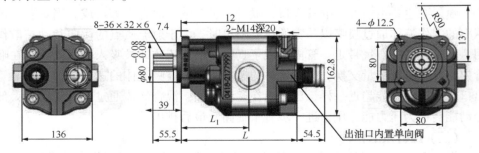

图3-37　齿轮泵结构示意图

（五）旋涡泵的特性

旋涡泵是常用的化工泵，主要工作部分是叶轮和流道。原动机带动叶轮旋转时，由于叶轮中运动的液体离心力大于流道中运动的液体离心力，两者之间产生一个方向垂直于轴面并通向流道纵长方向的环旋转运动，此时，液体流速减慢，当又一次流入叶轮即又获得了一次能量，液体从吸入到排出的全过程可以多次地进入叶轮和从叶轮中流出，当从叶轮流至流道时，即与流道中运动的液体混合进行动能交换，一部分动能转换为静压能。液体再度受离心力的作用，转换为静压再度增高，液体即被输送到管道中。常见旋涡泵结构如图3-38所示。

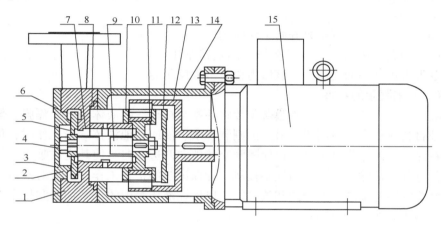

图3-38 旋涡泵结构示意图

1—泵体；2—叶轮；3—泵盖；4—叶轮螺母；5—止推环；6—密封圈；7—滑动轴承套；
8—轴套；9—泵轴；10—内磁转子；11—内转子螺母；12—隔离套；13—外磁总成；
14—连接架；15—电机

旋涡泵主要靠纵向旋涡的作用传递能量，当流量减少时，泵流道内液体的运动速度减小，纵向旋涡的作用增强，液体流经叶轮的次数增多，使泵的扬程增高；当流量增大时，情况相反，所以特性曲线呈陡降形。除此之外，旋涡泵还具有以下主要特点：

1）在相同的叶轮直径和转速下，扬程比离心泵高2~4倍。比转数 ns = 10~40 范围内，选用该泵较为合适。

2）扬程和功率曲线下降较陡，启动泵时，必须打开出口阀。管路系统压力波动时对泵的流量影响较小。

3）旋涡泵有自吸特性，可输送气、液混合物和易挥发性液体。

4）旋涡泵效率低。

（六）真空泵的特性

利用机械、物理、化学或物理化学方法对腔体进行抽气，以获得真空的机器叫真空泵。真空泵的种类较多，但在化工用泵上主要有容积真空泵、射流真空泵。真空泵的主要参数有以下几点：

（1）抽气速率：即泵的生产能力，就是对于给定气体，在一定温度、压力下，单位时间内能从设备内抽走气体的体积，单位用 m^3/s 或 m^3/h 表示；

（2）极限真空：真空泵在给定条件下，经抽气达到稳定状态的最低压力，单位用 Pa 或%表示；

（3）抽气量：在一定温度下，单位时间内从设备内抽走给定的气体量，单位用 m^3/h 表示；

（4）启动压力：真空泵开始工作时的压力；

（5）最大反压力：真空泵在指定的负荷下工作，其反压力升高到某一定值时，泵失去正常的抽气能力，该压力称为最大反压力。

（七）隔膜泵的特性

隔膜泵最大特点是采用隔膜薄膜片将柱塞与被输送的液体隔开，隔膜一侧均用腐蚀材料或复合材料制成。另一侧则装有水、油或其他液体。当工作时，借助柱塞在隔膜缸内作往复运动，迫使隔膜交替地向两边弯曲，使其完成吸入和排出的工作过程，被输送介质不与柱塞接触。为保证泵的正常工作，一般对液压为动力的泵要安装补油阀、安全阀和放气阀，以保证液压腔内的正常油量和排干净气体，其结构如图 3-39 所示。

在化工厂中隔膜泵常用来做计量泵，或作为输送腐蚀性液体的加药泵，隔膜泵的隔膜片有膜片型、波纹管型和筒型隔膜等，以膜片型为最常用的隔膜泵。

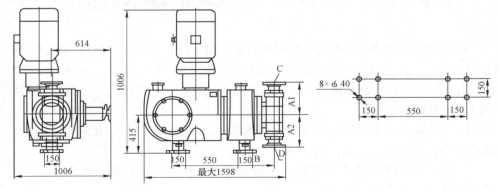

图 3-39　隔膜泵结构示意图

第三节 化工用离心式压缩机

一、化工用离心式压缩机的基本组成与分类

（一）化工用离心式压缩机的基本组成

压缩机的机壳，又称气缸，通常是用铸铁或铸钢浇铸而成。高压离心式压缩机通常有两个或两个以上气缸，按其气体压强高低分别称为低压缸、中压缸和高压缸。压缩机本体结构可以分为两大部分：

（1）转动部分，它由主轴、叶轮、平衡盘、推力盘以及半联轴器等零部件组成，称为转子；

（2）固定部分，是由气缸、隔板（每个叶轮前后都配有隔板）、径向轴承、推力轴承、轴端密封等零部件组成，常称为定子。

（二）化工用离心式压缩机的分类

在国民经济许多部门中，特别是在采矿、石油、化工、动力和冶金等部门中广泛地使用气体压缩机来输送气体和提高气体的压强。压缩机种类繁多，尽管用途可能一样，但其结构型式和工作原理都可能有很大的不同。气体的压强取决于单位时间内气体分子撞击单位面积的次数与强烈程度，如果增加容积内气体的温度，使气体分子运动的速度增加，可以使气体压强提高，但当温度降下来，气体压强又随之降低，而一般要求被压缩的气体应具有不高的温度，故此法不可取。因此，提高气体压强的主要方法就是增加单位容积内气体分子数目，也就是容积式压缩机（活塞式、滑片式、罗茨式、螺杆式等等）的基本工作原理；利用惯性的方法，通过气流的不断加速、减速，因惯性而彼此被挤压，缩短分子间的距离，来提高气体的压强，透平式压缩机的工作原理属于这一类。透平式压缩机是一种叶片式旋转机械，它利用叶片和气体的相互作用，提高气体的压强和动能，并利用相继的通流元件使气流减速，将动能转变为压强的提高。一般透平式压缩机可以进行如下分类。

（1）按气体运动方向分类

1）离心式。气体在压缩机内大致沿径向流动。

2）轴流式。气体在压缩机内大致沿平行于轴线方向流动。

3）轴流离心组合式。有时在轴流式的高压段配以离心式段，形成轴流、离心组合式压缩机。

（2）按排气压力 Pd 分类

1）通风机：Pd<0.0142MPa（表压）；

2）鼓风机：0.0142MPa≤Pd≤0.245MPa（表压）；

3）压缩机：Pd>0.245MPa（表压）。

（3）按用途和被处理的介质命名

如制冷压缩机，高炉鼓风机，空气压缩机、天然气压缩机、合成气压缩机、二氧化碳压缩机等。

二、化工用离心式压缩机的结构特点

（一）主要部件的结构特点

化工用离心式压缩机主要有气缸、隔板、转子和叶轮四部分组成，其结构如图3-40所示。

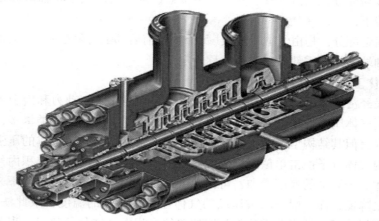

图3-40　离心式压缩机结构示意图

（1）气缸

气缸是压缩机的壳体，又称机壳。由壳身和进排气室构成，内装有隔板、密封体、轴承体等零部件。对它的要求是：有足够的强度以承受气体的压力；法兰结合面应严密，保持气体不向机外泄漏；有足够的刚度，以免变形。离心式压缩机气缸可分为水平剖分型和垂直剖分型（又称筒型）两种。气体压强比较低（一般低于50MPa）的多采用水平剖分型气缸，气体压强较高或易泄漏的要采用筒型缸体。

1）水平剖分型压缩机。水平剖分型气缸有一个中分面，将气缸分为上、下两半，分别称为上、下气缸，在中分面处用螺栓把法兰连接在一起。法兰结合面应严密，保证不漏气。一般进、排气接管或其他气体接管都装在下气缸，以便拆装时起吊上气缸方便。打开上气缸，压缩机内部零件，如转子、隔板、迷宫密封等都容易进行拆装。水平剖分型压缩机一个气缸可以是一段压缩，也可以是两段以上的多段压缩。

70

2）垂直剖分型（筒型）压缩机。垂直剖分型气缸适应于中、高压压缩机。气缸是一个圆筒，两端分别有端盖板，用螺栓把紧。隔板有水平剖分面，隔板之间有止口定位，形成隔板束。转子装好后放在下隔板束上。盖好上隔板束，隔板中分面法兰用螺栓把紧，将内缸推入筒型缸体安置好后，轴承座可以和端盖板做成一整体，易于保持同心，也可以分开制造，再用螺栓联接。

与水平剖分型缸体比较起来，筒型缸体具有许多优点：第一，筒型缸体强度高；第二，筒型缸体泄漏面小，气密性好；第三，筒型缸体的刚性比水平剖分型好，在相同条件下变形小。筒型缸体的最大缺点是拆装困难，检修不便。

（2）隔板

隔板形成固定元件的气体通道，根据隔板在压缩机中所处的位置，隔板有 4 种类型：进气隔板、中间隔板、段间隔板和排气隔板。进气隔板和气缸形成进气室，将气体导流到第一级叶轮入口，对于采用可调预旋的压缩机，在进气隔板还要装上可调导叶，以改变气体流向第一级叶轮的方向角。中间隔板任务有二，一是形成扩压器（无叶或叶片式扩压器），使气流自叶轮流出来后具有的动能减少，转变为压强的提高；二是形成弯道流向中心，流到下级叶轮的入口。排气隔板除了与末级叶轮前隔板形成末级扩压器外，还要形成排气室。

隔板上装有轮盖密封和叶轮定距套密封，所有密封环一般都做成上下两半（对大型压缩机可能做成 4 半），以便拆装。为了使转子的安装和拆卸方便，无论是水平剖分型还是筒型压缩机隔板都做成上下两半，差别仅在于隔板在气缸上的固定方式不同。对水平剖分型气缸来说，每个上下隔板外缘都车有沟槽，与相应的上下气缸装配，为了在上气缸起吊时，隔板不会掉下来，常用沉头螺钉将隔板和气缸在中分面固定。对筒形气缸来说，上下隔板固定好后，用贯穿螺栓固定成整个隔板束，轴向推进筒型气缸内。

（3）离心式压缩机转子

转子是压缩机的关键部件，它高速旋转，对气体做功。转子由许多零部件组成，如由主轴、8 个叶轮、定距套、平衡盘、推力盘等零部件组成，在轴的一端通过联轴器和透平相联。主轴中间段直径不一样，分三段，分别装有 3 个、2 个和 3 个叶轮，这种轴称为阶梯，轴设计时，一般尽可能缩小两端轴承中心间距离和根据气动设计尽量增加轴径，以便增加轴的刚性。

叶轮、定距套等各种转动部件都红套在轴上，其中如轮盘、平衡盘等还设有键。有的厂家设计的压缩机叶轮虽然也带有键，但正常运转时并不传递转矩，只起防松作用。过盈装配不仅是传递转矩需要，还是为了防止叶轮在运转时由于离心力的作用而松动。

转子各零件的装配有许多技术要求，主要要求如下：

71

1）转子在装配前，所有叶轮应做超速试验，检查叶轮的变形和表面质量情况。叶轮表面质量通常用磁粉（对钢制叶轮）或着色法（对不锈钢制叶轮）来进行检查。对铆接叶轮要特别注意铆钉是否有松动现象。

2）叶轮和转子上的所有其他零部件都必须紧密装在轴上，在运行过程中不允许有松动。叶轮装配采用得比较普遍的是红套。首先将叶轮均匀加热。主轴一般立放在夹具上，当叶轮加热到适当温度时，将叶轮套入主轴。加热温度应该根据叶轮和主轴的过盈量、红套过程来决定，温度过低会出现叶轮还没装到应有位置就凉下来，卡住主轴。

3）转子装配时应进行严格的动平衡。多级叶轮转子应每装两个叶轮校正一次动平衡。如果叶轮是奇数，则第一次装三个叶轮进行校正。一般先装位于中间的两个（或三个）叶轮，然后再在其两侧各装一个叶轮，按此顺序装完为止。

4）转子装配后，有关部位的径向及轴向跳动值应小于允许值。

（4）离心式压缩机叶轮

叶轮又称工作轮，是压缩机转子上最主要的部件。叶轮随主轴高速旋转，对气体做功。气体在叶轮叶片的作用下，跟着叶轮作高速旋转，受旋转离心力的作用以及叶轮里的扩压流动，在流出叶轮时，气体的压强、速度和温度都得到提高。

按结构型式叶轮分为开式、半开式和闭式三种，在大多数情况下，后两种叶轮在压缩机中得到广泛应用：

1）半开式叶轮和开式叶轮不同，叶片槽道一侧被轮盘封闭，另一侧敞开，改善了气体通道，减少了流动损失，提高了效率。但是，由于叶轮侧面间隙很大，有一部分气体从叶轮出口倒流回进口，内泄漏损失大。此外，叶片两边存在压力差，使气体通过叶片顶部从一个槽道潜流向另一个槽道，因而这种叶轮的效率仍不高。

2）闭式叶轮由轮盘、叶片和轮盖组成。这种叶轮对气体流动有利。轮盖处装有气体密封，减少了内泄漏损失。叶片槽道间潜流引起的损失也不存在，因此效率比前两种叶轮都高。另外，叶轮和机壳侧面间隙也不像半开式叶轮那样要求严，可以适当放大，使检修时拆装方便。这种叶轮在制造上虽较前两种复杂，但有效率高和其他优点，故在工业压缩机中得到广泛应用。

三、化工用离心式压缩机的密封结构

由于压缩机的转子和定子一个高速旋转而另一个固定不动，两部分之间必定具有一定的间隙，因此就一定会有气体在机器内由一个部位泄漏到另一个部位，同时还向机器外部进行泄漏。为了减少或防止气体的这些泄漏，需要采用密封装置。防止机器内部通流部分各空腔之间泄漏的密封叫内部密封，防止或减少气体由机器向外部泄漏或由外部向机器内部泄漏(在机器内部气体压强低于外部气压时)的密封，叫外部密封或称轴端密封。内部密封如轮盖、定距套和平衡盘上的密封，一般作成迷宫型。对于外部密封来说，如果压缩的气体有毒或易燃易爆，如氨气、甲烷、丙烷、石油气、氢气等，不允许漏至机外，必须采用液体密封、机械接触式密封、抽气密封或充气密封等；当压缩的气体无毒，如空气、氮气等，允许少量气体泄漏，亦可以采用迷宫型密封。化工厂的压缩机中，常采用的密封有迷宫型、浮环油膜密封、机械接触式密封等几种。下面对几种密封分别予以讨论。

(一) 迷宫型密封

压缩机内采用较多的迷宫型密封有以下几种：

1) 光轴型。这种密封或者是轴作成光轴，或者是密封体作成光滑内表面，可分为整体平滑型和镶嵌平滑型。

2) 高低式。这种密封加工工艺复杂，但密封效果好，密封片结构强度好。

3) 曲折型。是整体曲折型密封。这种型式的特点是除了密封体上有密封齿(或密封片)外，轴上还有沟槽。整体型的缺点是密封齿间距不可能加工得太短，因而轴向尺寸长。采用镶嵌型可以大大缩短轴向尺寸。

4) 阶梯型。这种型式多用于轮盖或平衡盘。

(二) 浮环密封

浮环密封结构分为剖分型和整体型两类：

(1) 剖分型浮环密封

类似于径向滑动轴承，密封环及密封腔壳体均为剖分式，安装维修方便。剖分式浮环密封广泛用于氢冷汽轮发电机轴端密封，压力一般在 0.2MPa 以下，其典型结构有以下两种：

1) 单流浮环密封密封液进入环隙后分两路流向氢气侧和空气侧。此类密封，间隙大，氢气侧为 0.15~0.2mm，空气侧为 0.2~0.35mm，耗油量大，进入氢气侧的油流会挟带空气并吸入氢气，需要复杂的真空净油设备。

2) 双油浮环密封氢侧和空侧两股油流在环中央被一段环隙分开，各自成为一个独立的油压系统。空侧油路设备均压阀，控制两股油流接触处没有油交换。氢侧油路设备差压阀控制油压大于氢气压，保证氢气不外漏。此结构不需真空净油设备，但需要两套供油系统。

(2) 整体型浮环密封

整体型浮环密封的密封环为整体，可用于高压，其典型结构有以下几种：

1）带冷却孔浮环密封。

大气为低压侧，被密封气体为高压侧。高压浮环沿周向布满冷却孔，使进入密封腔的冷流体首先通过高压侧浮环，然后分两路分别进入高压侧和低压侧环隙，这对高压侧浮环能起到冷却作用。此结构是应用于离心压缩机的典型内冷浮环密封结构，适用于线速度 40m/s 以上的中低压场合。

2）L 形浮环密封。

L 形浮环与 L 形固定环的安装位置互相嵌入，且防止浮环转动的销钉设在径向位置，以缩短密封的轴向尺寸，结构紧凑。

3）多级浮环密封。

多级浮环密封的每一级承受小的压差，当密封介质黏度降低时，可保证环的浮动性。该结构多用于电站给水泵，压力从低压到 30MPa。一般低压差用 3 个环，高压差用 10 个环以上，每环承受 1~3MPa 压差。

4）端面减载浮环密封。

这种结构原理类似机械密封平衡型。利用台阶轴减载，能有效地减小各个环的端面压力。在高压差的情况下，可用数量较少的浮动环承受较大的压差。例如压差为 28.5MPa 的离心压缩机，只需要 2~3 个环。

（三）机械接触式密封

机械接触式密封又称端面密封，在水泵中应用很广，积累了许多实践经验。这种密封的特点是密封油的漏损率极低，比一般油密封要小 5~10 倍，使用寿命比填料密封长。因此，在压缩机中，当被压缩的气体不允许向外泄漏时，经常使用。机械接触式密封结构如图 3-41 所示，具有以下特点：

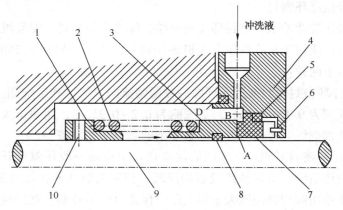

图 3-41　机械接触式密封结构示意图

1—弹簧座；2—弹簧；3—旋转环（动环）；4—压盖；5—静环密封圈；6—防转销；
7—静止环；8—动环密封圈；9—轴；10—紧定螺钉

（1）整个机械密封由 1 套双端面主机械密封和 1 套单端面辅助机械密封组成。

（2）双端面主机械密封动环 3，由锁紧套 8 压紧在机械密封轴套 7 上，动环下面装有 O 形密封环 5。动环和轴套间无驱动销，依靠两端面压紧产生的摩擦力，使其随轴套一起转动，为防止动环锁紧套 8 松动退出，锁紧套后部还设有 4 个周向均布的防松螺钉 9。与双端面动环相对应的两个静环均装在机械密封外壳中，静环后面有小弹簧，使动静环工作面间有一定的贴合紧力。

（3）单端面辅机械密封动环也装在机械密封轴套上，靠锁紧套 10 压紧，与之对应的静环装在机械密封外壳中。但静环工作面贴合，当灯笼环内移到位时，动静环工作面分开。

（4）机械密封轴套，由两个对称布置的键 2 传递转矩，带动轴套及两个动环等与轴一起转动。

四、压缩机轴承的结构

（一）支持轴承

透平压缩机采用最早和最普遍的是圆瓦轴承，后来逐渐采用椭圆轴承、多油楔轴承和可倾瓦轴承。

（1）圆瓦轴承

圆瓦轴承上下两半瓦由螺钉联接在一起，为保证上下瓦对正中心设有销钉。轴瓦内孔浇铸巴氏合金，它具有质软、熔点低和良好的耐热性能。巴氏合金应结合紧密，不允许有裂纹、伤痕、气孔及脱落现象。轴静放在轴瓦上时，轴颈与轴瓦上方之间的间隙(顶隙)等于两侧间隙之和。轴颈和轴瓦的接触角不小于 $60° \sim 70°$，在此区域内保证完全接触。

润滑油经由下轴瓦垫块之孔进入轴瓦并由轴颈带入油楔，经由轴承的两端而泄入轴承箱内。一般润滑油压强(表压)为 $0.039 \sim 0.049MPa$。垫块保证轴瓦在轴承壳中定位及对中，可以通过磨削垫片来调整轴承位置。

（2）椭圆瓦轴承

椭圆瓦轴承的轴瓦内表面呈椭圆形，轴承侧隙大于或等于顶隙，一般顶隙约为轴径 d 的 $(1 \sim 1.5)/1000$，而侧隙约为 $(1 \sim 3)d/1000$。轴颈在旋转中形成上下两部分油膜，这两部分油膜的压力产生的合力与外载荷平衡。这种轴承和圆瓦轴承相比具有以下优点：

1）稳定性好，在运转中若轴上下晃动，比如向上晃动，上面的间隙变小，油膜压力变大，下面的间隙变大，油膜压力变小，两部分力的合力变化会把轴颈推回原来的位置，使轴运转稳定。

2）由于侧隙较大，沿轴向流出的油量大，散热好，轴承温度低。因此它的顶隙可以比同样尺寸的圆瓦轴承的顶隙小。

3）椭圆瓦轴承的承载能力比圆瓦轴承低，由于产生上下两个油膜，功率消耗大，在垂直方向抗振性好，但水平方向抗振性差些。

（3）可倾瓦轴承

这种轴承由多瓦块组成，瓦块可以摆动，在工况变化时都能形成最佳油膜，抗振性好，不容易产生油膜振荡。

我国瓦块一般用 25 钢或 35 钢制成，内表面浇铸一层巴氏合金。这层合金厚度很薄，一般都在 1~3mm，要求巴氏合金有较高的抗疲劳强度，与钢背贴合紧密。这类轴承在加工时的主要要求是：瓦壳与瓦块配合内径公差一般应控制在 0.025mm 范围内，等分的定位销孔中心距公差亦应在此数据范围内；瓦块厚度公差应保证在 0.0125mm 范围内，这样可保证瓦块的互换性，在装配时可不必刮研找正。

拆装时，一般要把上下壳体打开，注意不要刮伤巴氏合金表面，在维修过程中，间隙测量是很重要的，通常采用压铅法测量。五块可倾瓦轴承顶部没有瓦块，顶部间隙不能直接测量，而是通过测量上部轴瓦 3/4 的压铅厚度 $S'=r$，再换算成轴承间隙 $\Delta = 1.1S'$。

（二）止推轴承

大型氨厂的几台压缩机止推轴承采用的是米契尔和金斯伯雷轴承。这些轴承的共同点是活动多块式，在止推块下有一个支点，这个支点一般偏离止推块的中心，止推块可以绕支点摆动，根据载荷和转速的变化形成有利的油膜。止推轴承有米契尔轴承和金斯伯雷轴承两种。

（1）米契尔轴承

米契尔轴承是止推块直接与基环接触，为单层结构；图 3-42 所示为美荷型装置的合成气压缩机的径向米契尔止推轴承结构示意图，止推块与基环之间有一个定位销，当止推块承受推力时，可以自动调整止推块位置，形成有利油楔。在推力盘两侧分主推力瓦块和副推力瓦块。

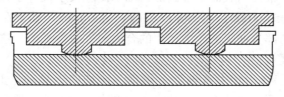

图 3-42　米契尔止推轴承

正常情况下，转子的轴向力通过推力盘经过油膜传给主推力瓦块，然后通过基环传给轴承座。在起动或甩负荷时可能出现反向轴向推力，此推力将由副推力瓦块来承受。瓦块表面上浇铸巴氏合金，其厚度应小于压缩机动、静部分间的最小轴向间隙，这样做是因为：一旦巴氏合金熔化后，推力盘尚有钢圈支承，短时间内不致引起压缩机内动、静部分碰伤，一般巴氏合金厚度为 1 ~ 1.5mm。推力盘在轴向的位置是由止推轴承来保证的，即由止推盘和止推瓦块间的位置来确定。所以，根据压缩机通流部分的尺寸确定好定距套的长度，在维修时不要改变。

如果需要更换止推盘，应该注意新止推盘的厚度有无变化，有变化时应重新确定定距套的长度，以便准确保证转子在气缸里的轴向位置。推力盘和瓦块间留有间隙，可以保证止推盘和瓦块间形成油楔承受转子的轴向推力。此间隙通常称为推力间隙或转子的工作窜动量（它和未装好止推瓦块时转子的轴向窜量不一样）。

（2）金斯伯雷轴承

金斯伯雷轴承是止推块下有上水准块、下水准块，然后才是基环，相当于三层叠起来的的结构，图 3-43 所示为空气压缩机的金斯伯雷止推轴承，止推瓦块垫有上水准块、下水准块、基环，它们之间用球面支点接触，保证止推瓦块、水准块可以自由摆动，使载荷分布均匀。止推瓦块由碳钢制成，上面浇铸巴氏合金，止推瓦块体中镶一个工具钢制的支承块，硬度为 HRC50 ~ 60，这个支承块与上水准块接触。

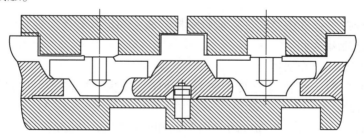

图 3-43 金斯伯雷型止推轴承

上水准块用一个调节螺钉在圆周方向定位，上下水准块一般用精密铸造铸出，可以用耐磨的 QT40 ~ 10 制成。下水准块装在基环的凹槽中，用它的刃口与基环接触。上水准块用螺钉来定位。为防止基环转动，在基环上设有防转销键。转子的轴向窜量可以用调整垫片调整。

润滑油从轴承座与外壳之间进来，经过基环背面铣出的油槽，并通过基环与轴颈之间的空隙进入止推盘与止推块之间。止推盘转动起来，由于离心力的作用，油被甩出，由轴承座的上方排油口排出。

金斯伯雷轴承的特点是载荷分布均匀，调节灵活，能补偿转子的不对中、偏斜，但是轴向尺寸长，结构复杂。

五、离心式压缩机检修内容

（一）压缩机小修

1）检查和清洗油过滤器；

2）消除油、水、气系统的管线，阀门、法兰的泄漏缺陷；

3）消除运行中发生的故障缺陷。

（二）压缩机中修

1）包括小修项目。

2）检查、测量、修理或更换径向轴承和止推轴承，清扫轴承箱。

3）检查、测量各轴颈的完好情况，必要时对轴颈表面进行修理。

4）重新整定轴颈测振仪表，移动转子，测量轴向窜动间隙，检查止推轴承定位的正确性。

5）检查止推盘表面粗糙度及测量端面跳动。

6）检查联轴器齿面磨损、润滑油供给以及轴向串动和螺栓、螺母的联接情况，进行无损探伤，复查机组中心改变情况，必要时予以调整。

7）检查、调整各测振探头，轴位移探头及所有报警信号、联锁、安全阀及其他仪表装置。

8）检查拧紧各部位紧固件、地脚螺栓、法兰螺栓及管接头等。

（三）压缩机大修

1）包括全部中修项目。

2）拆卸气缸，清洗检查转子密封、叶轮、隔板、缸体等零件腐蚀、磨损、冲刷、结垢等情况。

3）检查、测定转子各部位的径向跳动和端面跳动，轴颈粗糙度和形位误差情况。

4）宏观检查叶轮；转子进行无损探伤。根据运行和检验情况决定转子是作动平衡还是更换备件转子。

5）检查、更换各级迷宫密封、浮环密封或机械密封或干气密封；重新调整间隙，转子总窜量、叶轮和扩压器对中数据等。

6）检查清洗缸体封头螺栓及中分面螺栓，并作无损探伤。

7）气缸、隔板无损探伤。气缸支座螺栓检查及导向销检查。

8）检查压缩机进口过滤网和出口止逆阀。

9）检查各弹簧支架，有重点地检查管道、管件、阀门等的冲刷情况，进行修理或更换。

10）机组对中。

（四）增速箱中修

1）检查、清洗润滑油路，整定油温，油压力仪表，消除泄漏。

2）检查和紧固各连接螺栓。

3）检查齿面啮合及磨损情况。

4）清除机件和齿轮箱内油垢及污物。

5）检测联轴器的轴向串量及检查齿面磨损、润滑情况。

（五）增速箱大修

1）包括全部中修内容。

2）检查止推盘磨损情况，测量端面跳动。

3）检测、修理或更换轴承和油封。

4）检测齿轮轴颈的圆度和圆柱度，必要时进行修整。

5）检查两齿轮轴的平行度和水平度，必要时予以调整。

6）对齿轮、轴、半联轴器及其连接螺栓、螺母等作无损探伤。

7）检查、调整测振及轴位移探头、温度压力仪表。

8）清理喷油嘴、油孔、油道。

第四章 典型现代化工生产实例

第一节 低压甲醇合成

一、岗位职责

1）严格遵守各项安全管理制度，不违章作业和违反劳动纪律。

2）严格执行岗位操作规程和工艺管理制度。

3）负责装置工艺指标监控、调节，严防"三超"。

4）负责落实岗位检修工艺安全措施并进行现场监护。

5）负责岗位设备开、停机操作，并积极处理异常情况。

6）负责设备运行巡检工作，检查设备泄漏情况，按要求拨巡检钟，严格执行巡回检查制度。

7）负责装置分析、排污及设备反洗工作。

8）熟练掌握消防器材、防护用品使用方法及维护保管。

9）积极参加各项安全活动，学习安全业务知识，提高业务技能水平，做到"四不伤害"。

10）做好岗位设备环境卫生及岗位定置管理工作。

11）负责岗位操作记录本填写，如实反映生产过程中异常情况。

二、岗位任务

（1）低压甲醇合成岗位主要任务及简介

如表4-1所示。

表4-1 低压甲醇合成岗位主要任务及简介

主要任务	岗位简介
净化气体	压缩四段送来的新鲜气
合成粗甲醇	在适当的压力、温度和甲醇催化剂的作用下，使一定量的CO、CO₂和H₂合成粗甲醇
回收反应热副产蒸汽	反应器管间的给水吸收反应热后产生蒸汽送入汽包，将汽包蒸汽压力（用以控制合成塔出口温度）调节后送入蒸汽管网

（2）工艺管辖范围

低压甲醇合成公工艺管辖范围如表4-2所示。

表4-2　低压甲醇合成工艺管辖范围

压力及压差	温度	液位	汽包水质	原料气气质分析
合成系统进出口压力	合成塔进出口温度	醇分液位	总碱度	硫含量
汽包给水压力	排管水冷前后温度	汽包液位	总固体含量	进、出口 CO、CO_2 含量
汽包蒸汽压力	汽包给水温度	醇洗塔液位	Cl^- 值	淡醇比重分析等
管网蒸汽压力	汽包蒸汽出口温度		pH 值	
放醇压力	汽包上升管及下降管温度			
放淡醇压力	合成塔升降温速率			
循环冷却水压力				
系统升降压速率				
系统压差				
合成塔压差				
气汽压差				

（3）设备管辖范围

低压甲醇合成公设备管辖范围如表4-3所示。

表4-3　低压甲醇合成设备管辖范围

静止设备	运转设备	系统管道及阀门
甲醇合成塔	循环机	系统内和系统进出口管道
合成塔汽包	醇洗泵	原料气体管道
热交换器		蒸汽管
甲醇分离器		冷却水管
套管式水冷排管		除盐水管
甲醇洗涤塔		放醇管
油水分离器		循环水管及系统各阀门等
循环机油分离器		
精脱硫塔及电器仪表		

（4）生产原理及反应方程式

低压甲醇合成生产原理是通过甲醇催化剂的作用，随反应条件及所用催化剂的不同，可生成醇、烃、醚等产物，因此在甲醇合成过程中可能发生的反应如表4-4所示。

表 4-4　低压甲醇合成反应原理及方程式

主反应	副反应	备注
$CO+2H_2 \rightleftharpoons CH_3OH+Q$	$2CO+4H_2 \rightleftharpoons CH_3OCH_3+H_2O+Q$	甲醇主反应是可逆放热反应，反应时体积缩小，并且只有在催化剂存在的条件下，才能较快进行。所以反应在较高压力和适当的反应温度下进行，CO、CO_2 才能获得较高转化率
$CO_2+3H_2 \rightleftharpoons CH_3OH+H_2O+Q$	$CO+3H_2 \rightleftharpoons CH_4+H_2O+Q$	
	$4CO+8H_2 \rightleftharpoons C_4H_9OH+3H_2O+Q$	
	$CO_2+H_2 \rightleftharpoons CO+H_2-Q$	
	$nCO+2nH_2 \rightleftharpoons (CH_2)_n+nH_2O+Q$	

三、工艺流程简述

低压甲醇合成工艺流程图如图 4-1、图 4-2 所示。压缩四段送来的温度≤40℃，压力为≤5.5MPa 的新鲜气，经油分分离油水后(1#联醇：去精脱硫塔除掉气体中的微量硫，在生产气量较小即空速低于 6000h⁻¹ 的情况下，需要增开循环机，循环气经循环机油分分离油水后进入精脱硫塔下部，循环气与脱除微量硫的新鲜气在脱硫塔下部混合后)送入热交换气管间，与出合成塔高温气体进行热交换后，由合成塔顶部斜向 45°进入合成塔反应管内。反应管内装有铜基催化剂，在催化剂作用下 CO、CO₂ 和 H₂ 发生反应生成甲醇，并伴有微量的副反应。反应后从反应器底部出来的含甲醇气体，进入热交换器管内，与管间气体换热后被降温至 97℃以下，在此有少量的甲醇气体冷凝，然后进入冷却排管的管内，被管间的冷却水冷却至 40℃以下，进入甲醇分离器分离甲醇。从甲醇分离器底部排

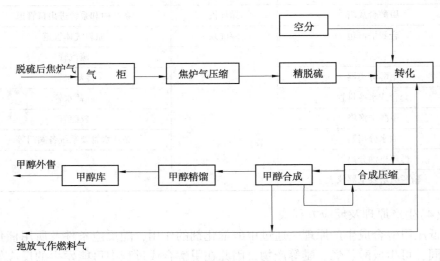

图 4-1　低压甲醇合成工艺流程图

出的粗甲醇，经减压后送至中间槽，分离醇后从分离器顶部出来的气体，一部分
在增开循环机的情况下继续循环使用，大部分从分离器顶部出来的气体从醇洗塔
中部进入，与从醇洗塔上部来的除盐水在填料层逆流接触。气体中微量的甲醇被
水吸收，淡醇经减压后送往淡醇槽，经醇洗后的原料气送往后工段。另外，1#联
醇配有大近路伐：压缩机四出→大近路伐→压缩机五进(精脱硫塔进口、醇洗塔
出口均装有阀门)。

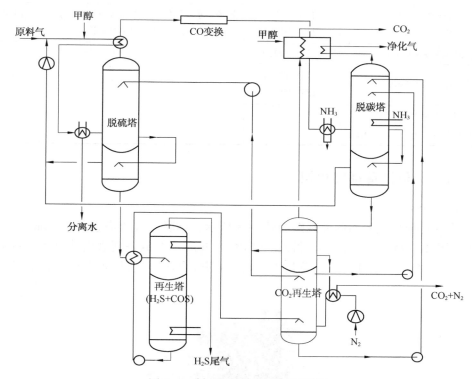

图 4-2　低压甲醇合成工艺流程图

　　甲醇合成塔管间环隙通过汽包进水不断的打入给水，反应器与汽包通过上升
管及下降管相连接，形成一个独立的蒸汽发生系统。汽包蒸汽出口管线设有压力
控制阀，通过控制汽包蒸汽压力来保持催化剂床层反应温度的恒定。

　　合成塔还装有一个开车用的蒸汽加热系统，由一个蒸汽喷射器及循环水管组
成，开车用饱和蒸汽通过针形阀冷凝，产生动力以推动反应器管间的给水不断地
循环，加热管内触媒以达到活性温度。

四、工艺指标

　　低压甲醇合成生产过程中涉及的指标参数如表 4-5 所示。

表 4-5　低压甲醇合成指标参数

压力及压差	温度	汽包锅炉水质成分	分析频率
合成系统入口压力≤5.5MPa	合成塔出口：215~250℃	总碱度≤8mmol/L	合成塔进出口 CO、CO$_2$、H$_2$每 4h 分析一次
系统压差≤0.3MPa	排管出口≤40℃	Cl$^-$≤0.5mg/L	甲烷（CH$_4$）每 8h 分析一次
合成塔压差≤0.1MPa	汽包给水≥60℃	pH 值 8~11	淡醇比重分析每小时分析一次
气（合成塔进口压力）汽（汽包出口压力）差≤2.5MPa	汽包蒸汽出口：220~250℃	锅炉给水总固体含量≤500mg/L	汽包水质 Cl$^-$、总碱度、pH 值每四小时分析一次
升降压速率≤0.1MPa/min	升降温速率<15℃/h		
放醇压力≤0.5MPa	合成塔进口：185~250℃		
汽包给水压力≥3.5MPa			
汽包蒸汽压力 2.0~3.9MPa			

五、岗位设备基础知识

（1）甲醇合成塔

合成塔属反应容器的外观图如图 4-3 所示，1#联醇合成塔直径 2400mm，合成塔列管数 1740 根，合成塔列管换热面积 1376m^2；合成塔列管内装有大连瑞克生产 RK-05 型铜基催化剂，总量 14.3t；2#联醇合成塔直径 3400mm，合成塔列

图 4-3　甲醇合成塔外观示意图

管数 3832 根，合成塔列管换热面积 2869m²；合成塔列管内装有大连瑞克生产 RK-05 型铜基催化剂，总量 29.75t。合成塔列管管间流动的是汽包不断给的水，通过水将催化剂反应的热量带走。

（2）汽包

汽包放置合成塔上部，1#系统汽包直径 1600mm，容积 6.54m³，2#系统汽包直径 2400mm，容积 22.23m³，汽包通过上升管及下降管与合成塔相连接，形成一个独立的蒸汽发生系统。

（3）热交换器

三宁化工的热交换器属换热容器结构如图 4-4 所示，1#系统热交换器直径 1400mm，2#系统热交换器直径 1900mm，主要作用是压缩机送来的 40℃ 气体与合成塔出口 220℃ 气体换热后，气体达到 186℃ 进入合成塔。

图 4-4　热交换器外观结构示意图

（4）精脱硫塔

1#精脱硫塔直径 2400mm，装有河南省同兴化工股份有限公司生产 T104 型 30m³，主要作用是将压缩机送来气体中硫脱出。2#联醇系统并无精脱硫塔。

（5）醇分塔

醇分塔属分离容器，1#系统醇分塔直径 1600mm，2#系统塔直径 2400mm。主要作用是将粗醇从气体中分离出来，经过减压送入精醇装置。

（6）醇洗塔

醇洗塔属分离容器，1#系统醇洗塔直径 1600mm，2#系统醇洗塔直径

2000mm。主要作用是通过醇洗泵加入除盐水将气体中粗醇分离出来，经过减压送入精醇装置。

（7）系统油水分离器

系统油水分离器属分离容器，1#系统油水分离器直径 1600mm，2#系统油水分离器直径 2400mm。其主要作用是将油、水从气体中分离出来，1#系统经过排污管送入 4M20 油水地缸。2#系统经过排污管送入 6M50 油水地缸。

（8）循环机油水分离器

循环机油水分离器属分离容器，1#系统循环机油水分离器直径 1200mm，2#系统无循环机油水分离器。循环机油水分离器主要作用是将油、粗醇从气体中分离出来，经过排污管送入 4M20 油水地缸。

（9）循环机

1#系统有两台循环机，其外观结构如图 4-5 所示，单台气体流量 20Nm³/min，2#系统的循环机单台气流量为 25Nm³/min。配备 320kW 电机，电机电流 590A。

图 4-5　1#系统循环机外观结构示意图

（10）醇洗泵

1#系统有三台醇洗泵，其外观结构示意图如图 4-6 所示，单台流量 8L/min，配备 2.2kW 电机，电机电流 3.94A；2#联醇系统有两台醇洗泵，1#泵流量 1.56m³/min，2#泵流量 2m³/min，电机功率 5.5kW。

图 4-6　1#系统醇洗泵外观结构示意图

第二节　合成氨

一、岗位职责

1）严格遵守各项安全管理制度，不违章作业和违反劳动纪律。

2）严格执行岗位操作规程和工艺管理制度。

3）负责装置工艺指标监控、调节，严防"三超"。

4）负责落实岗位检修工艺安全措施并进行现场监护。

5）负责岗位设备开、停机操作，并积极处理异常情况。

6）负责设备运行巡检工作，检查设备泄漏情况，按要求拨巡检钟，严格执行巡回检查制度。

7）负责装置分析、排污及设备反洗工作。

8）熟练掌握消防器材、防护用品使用方法及维护保管。

9）积极参加各项安全活动，学习安全业务知识，提高业务技能水平，做到"四不伤害"。

10）做好岗位设备环境卫生及岗位定置管理工作。

11）负责岗位操作记录本填写，如实反映生产过程中异常情况。

二、岗位任务

（1）合成氨岗位任务简述

将高压醇烷化送来的配成一定比例的 H_2、N_2 精炼气，在高温高压及触媒存在的条件下，在合成塔内直接合成为氨。生产的液氨经过冷却分离，全部送到液氨球罐。利用废热锅炉回收合成塔出口气体的高位热能来副产 3.8MPa 饱和蒸汽送入蒸汽管网。

（2）工艺管辖范围

1）压力及压差：合成系统压力，放氨压力，放稀氨水压力，废锅蒸汽压力，废锅给水压力，一级气氨压力，二级级气氨压力，加氨压力，大氨槽压力，小氨槽压力，螺杆冰机出口压力，塔后放至提氢压力，水冷器循环水压力，循环机排气压力，循环机润滑油压，系统升降压速率，合成系统压差，合成塔压差等；

2）温度：合成触媒温度，合成塔塔壁温度，氨冷温度，一级气氨温度，二级气氨温度，补气温度，合成水冷器出口温度，循环机润滑油温度，系统升降温速率；

3）液位：氨分液位，氨洗液位，废锅液位，一级氨冷器液位，二级氨冷器液位；

4）气质分析：循环气 CH_4、H_2、NH_3 含量分析等。

（3）设备管辖范围

该岗位设计的设备管辖范围有：氨分、组合式氨冷器、2-5#循环机、循环油分、塔前换热器、氨合成塔、废热锅炉、水冷器（排管）、塔后氨分、高压氨洗塔、塔后水分、冰机进口水分、1-4#螺杆冰机、大液氨槽、小液氨槽及所属设备、管道、阀门、电气、仪表。

三、工艺流程简述

（1）合成氨工艺原理

氨合成的化学反应方程式为：

$$3H_2 + N_2 \Longrightarrow 2NH_3 + Q$$

（2）合成氨工艺特点

1）体积缩小可逆的放热反应，只有在高温高压并有催化剂存在的条件下才能进行。

2）可逆反应：即在氢气和氮气反应生成氨的同时，氨也分解成氢气和氮气，前者称为正向反应，后者称为逆向反应。

3）放热反应：反应过后的气体温度要比反应前的温度高。合成氨释放的反应热与温度、压力有关。

4）体积减少的反应。从反应式可以看出，由 3 个分子的氢和 1 个分子的氮（共 4 个分子气体），合成后得到 2 个分子的氨，在化学反应过程中，体积减少了。

5）需要有触媒才能较快地进行的反应。实验证明，在没有触媒存在的情况下，即使温度 700～800℃和压力达 1000～2000atm，反应仍进行很慢。只有将压力和温度提得更高时，则不需要触媒，反应就能很快地进行，例如：850～

900℃、4500atm 时，不用触媒，其氨合成率可达 97%，估计可能反应器的器壁起了触媒的作用。

6）这种在固体触媒存在下，气体之间进行化合获得气体产品的反应，叫做多相气体催化反应。触媒所以能够加快气体的反应速度，一般可解释为，由于固体触媒的存在，气体在合成时需要的能量减少了，从而降低了反应的阻力。

（3）合成氨工艺流程

典型合成氨工艺流程图如图 4-7 所示，具体为：

1）氨合成系统流程：

自烷化系统来的新鲜气在组合式氨冷器后氨分前补入，混合组合式氨冷器后的气体一起进入氨分离器进行分离，分离掉液氨后的气体进入组合式氨冷器的内管（Φ19），与水冷器出口的气体换热后，进入循环机加压；加压后的气体经循环气油分分离油水，出循环气油分的气体分成两部分，一部分由合成塔底部进入，降低塔壁温度后，经一出进入热交顶部，与另一部分由热交底部进入的气体混合。混合气体进热交与出合成塔气体换热后，分五股进入合成塔，第一股由合成塔底部即二入合成塔底部换热器管间，换热后的气体经中心管进入第一轴向层；第二股 f0 气体自合成塔顶部进入，经导气管进入第一段间换热器上部，不参与换热，经中心管进入第一轴向层；第三股 f1 气体自合成塔顶部进入，作为第一径向层冷激气，直接参与反应调节第一径向层温度；第四股 f2 气体自合成塔顶部进入第一段间分布器底部，走管程换热后，混合 f0 进入第一轴向催化剂层，以此调整第二径向层温度；第五股 f3 气体，自合成塔下部进入，第二段间换热器，与第二径向层的反应气换热走管程进入中心管，经中心管进入第一轴向层以此调节第三径向层温度。反应后的气体经底部换热器管程出合成塔。

出合成塔的气体进入废锅副产 3.8MPa 蒸汽，后进入热交与进合成塔的部分气体换热，换热后的气体分别经冷排、组合式氨冷器的外管（Φ35）与分离液氨后的气体换热后，换热后一部分气体经塔后氨分、氨洗，水分后去提氢装置，大部分气体换热后混合新鲜气去氨分，分离液氨后，进入系统再次循环。

2）螺杆冰机系统流程：

组合式氨冷器换热壳层蒸发的气氨一级 0.14MPa、二级 0.26MPa 与烷化氨冷器壳层蒸发的气氨 0.26MPa 汇合经过水分离，分离水和杂质后的气氨送入螺杆冰机加压至 1.6MPa，加压后的的气氨分为三股，第一股气氨经过 1#、2#、3#、4#、5#板式换热器冷凝成液氨回收至大氨槽，第二股气氨经过 6#、7#、8#板式换热器冷凝成液氨回收至小氨槽，第三股不经过板式换热器冷凝送至离心冰机送氨管网，大小氨槽回收的液氨加至组合式氨冷器、烷化氨冷器壳层吸热蒸发，降低管内工艺气温度，气氨进入再次循环。

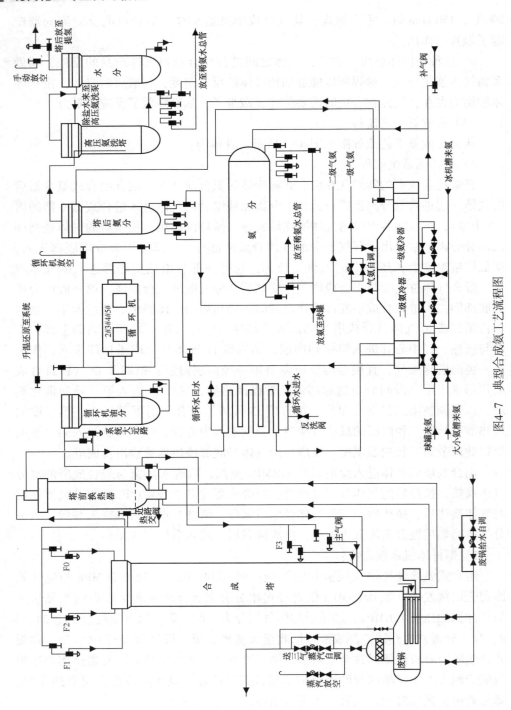

图4-7 典型合成氨工艺流程图

（1）化学品危害信息

1）氨（NH_3）。

危险性类别：第2.3类有毒气体。车间空气中最高允许浓度 $30mg/m^3$。

① 理化特性。氨是具有强烈刺激性、催泪性和特殊臭气的无色气体；较空气轻，相对密度0.6，沸点-33.5℃，熔点-77.7℃；易溶于水、乙醇、乙醚，与空气混合能形成爆炸性混合物，遇明火、高热能引起燃烧爆炸，其爆炸极限为15.7%~27.4%；与氟、氯等能发生剧烈的化学反应。

② 中毒症状。轻度：眼、口有辛辣感，流泪、流涕、咳嗽、头昏头痛、脑闷和胸骨疼痛等；

重度：吸入高浓度氨时，可引起喉头水肿，造成气管阻塞引起窒息。外露皮肤可出现Ⅱ度化学灼伤，眼睑、口唇、鼻腔、咽喉水肿，黏膜糜烂，可能出现溃疡。

液氨和氨水溅入眼内，可造成眼睛严重损伤，出现眼睑水肿，眼结膜迅速充血水肿，眼剧痛，角膜混浊，甚至因角膜溃疡、穿孔而失明。

接触液氨和高浓度气氨，可使皮肤引起类似强碱的严重灼伤，出现水泡、红斑、甚至吸收水分，使皮肤脂肪皂化而坏死。

③ 急救措施。皮肤接触：立即脱去污染的衣着，应用2%硼酸液或大量清水彻底冲洗。就医。

眼睛接触：立即提起眼睑，用流动清水或生理盐水冲洗至少15min，就医。

吸入：迅速脱离现场至空气新鲜处。保持呼吸道通畅。如呼吸困难，给输氧。如呼吸停止，立即进行人工呼吸。就医。

④ 防护措施。工程控制：严加密闭，提供充分的局部排风和全面通风，提供安全淋浴和洗眼设备。

呼吸系统防护：空气中浓度超标时，建议佩戴过滤式防毒面具（半面罩）。紧急事态抢救或撤离时，必须佩戴空气呼吸器。

眼睛防护：戴化学安全防护眼镜。

身体防护：穿防静电工作服。

手防护：戴橡胶手套。

其他防护：工作现场禁止吸烟，进食和饮水。工作后，沐浴更衣，保持良好的卫生习惯，实行就业前或定期体检。

2）氨溶液。

危险性类别：第8.2类 碱性腐蚀品，危险货物编号：82503。

① 理化性质。外观与性状：无色透明液体，有强烈的刺激性臭味。相对密度（水=1）：0.91。溶解性：溶于水、醇。

② 健康危害：

吸入后对鼻、喉和肺有刺激性，引起咳嗽、气短和哮喘等；重者发生喉头水肿、肺水肿及心、肝、肾损害。溅入眼内可造成灼伤。皮肤接触可致灼伤。口服灼伤消化道。

慢性影响：反复低浓度接触，可引起支气管炎；可致皮炎。

燃爆危险：本品不燃，具腐蚀性、刺激性，可致人体灼伤。

危险特性：易分解放出氨气，温度越高，分解速度越快，可形成爆炸性气体。

有害燃烧产物：氨。

③ 灭火方法。采用水、雾状水、砂土灭火。

3）一氧化碳（CO）。

危险性类别：第 2.1 类易燃气体。车间空气中的最高允许浓度：30mg/m^3。

① 理化特性。它是一种无色、无味、无刺激性的有毒气体，它比空气略轻，相对密度为 0.97，燃烧时呈蓝色火焰，是一种易燃、易爆气体，爆炸极限为 12.5%~74.2%，吸入 CO 能引起中毒，在合成氨生产过程中，造气、脱硫、变换、压缩等工段均有存在。一旦泄漏容易引起中毒。因 CO 无色、无味，泄漏出来，不易被人们察觉，容易引起中毒，因此 CO 是一种危险性很大的有毒气体。

② 中毒症状。轻度表现为头晕、头痛、太阳穴跳动、头有沉重感、恶心、呕吐、全身无力、眼花、耳鸣、心悸、神志恍惚等。离开中毒环境或呼吸新鲜空气就能很快恢复。太阳穴跳动是一氧化碳轻度中毒自我感觉的重要症状之一。

中度除上述症状外，面颊、前胸及大腿内侧出现樱红色、呼吸困难、心率加快、共济失调甚至大小便失禁，意识模糊进入昏迷状态。

重度，迅速昏迷，持续数小时或更久，出现痉挛、常伴发脑水肿、肺水肿、心肌损伤，心律紊乱或传导阻滞，高热或昏厥，皮肤、黏膜可呈樱红或苍白，紫绀等。

③ 急救。中毒较轻者，只需离开中毒现场到空气新鲜处，就会很快好转，无需特殊处理。

中毒较重，一般处于半昏迷或深度昏迷状态，此时应立即将中毒者抬到空气新鲜处，注意保暖和安静。当呼吸停止时，要立即进行人工呼吸；呼吸困难者给予强制输氧；心脏停止者，要立即进行心脏挤压术。

一氧化碳中毒如能及时发现、及时抢救，一般情况下不会造成死亡。

④ 防护措施。工程控制：严加密闭，提供充分的局部排风和全面通风。生产生活用气必须分路。

呼吸系统防护：空气中浓度超标时，佩戴自吸过滤式防毒面具（半面罩）。

紧急事态抢救或撤离时，建议佩戴空气呼吸器、一氧化碳过滤式自救器。

眼睛防护：一般不需特殊防护。

身体防护：穿防静电工作服。

手防护：戴一般作业防护手套。

其他防护：工作现场严禁吸烟。实行就业前和定期的体检。避免高浓度吸入。进入罐、限制性空间或其他高浓度区作业，须有人监护。

凡患有高血压、动脉血管硬化、冠心病、严重贫血者，应尽量避免接触一氧化碳。

4）甲醇（CH_3OH）。

危险性类别：第 3.2 类中闪点易燃液体。在车间空气中最高允许浓度为 $50mg/m^3$。

① 理化特性。为无色、易燃、易挥发的有毒液体，略有酒精气味，燃烧时火焰呈蓝色，沸点为 64.48，相对密度 0.791，蒸气相对密度为 1.11，能与水任意比例互溶。甲醇蒸气与空气混合能形成爆炸性气体，其爆炸极限为 5.5%～44%（体积）。本品高度易燃易燃，具刺激性。蒸气与空气能形成爆炸性混合物，遇明火、高热能引起燃烧爆炸。遇火源会着火回燃和爆炸。有毒，可引起失明、死亡。

甲醇可经呼吸道、胃肠道和皮肤吸收侵入人体，吸收后迅速分布全身，具有明显的蓄积作用，甲醇在体内氧化生成甲酸和甲醛，甲酸可致酸中毒，甲醛对视网膜细胞具有特殊的毒性作用。

② 中毒症状。急性中毒：短时间吸入高浓度的甲醇蒸汽可出现明显的麻醉状态。

轻度中毒：主要是神经衰弱症状，头昏、头痛、失眠、酒醉感、步态不稳、视力模糊等，病情更重者可出现剧烈头痛、眩晕、抽搐或痉挛呼吸不整、心动过缓、神志不清甚至昏迷等。

口服中毒：中毒严重程度与口服剂量不一定成比例，一般误服 5～10mL，可致严重中毒，15mL 可致失明，30mL 可致死。

慢性中毒：长期接触甲醇的工人，可致慢性中毒，其症状为视力减退、头痛、头昏、健忘、易兴奋、出汗、恶心、眼球疼痛等。

③ 急救措施。皮肤接触：脱去污染的衣着，用肥皂水和清水彻底冲洗皮肤。

眼睛接触：提起眼睑，用流动清水或生理盐水冲洗。就医。

吸入：迅速脱离现场至空气新鲜处。保持呼吸道通畅。如呼吸困难，给输氧。如呼吸停止，立即进行人工呼吸。就医。

食入：饮足量温水，催吐。用清水或 1%硫代硫酸钠溶液洗胃。就医。

④ 防护措施。工程控制：生产过程密闭，加强通风。提供安全淋浴和洗眼设备。

呼吸系统防护：可能接触其蒸气时，应该佩戴过滤式防毒面具(半面罩)。紧急事态抢救或撤离时，建议佩戴空气呼吸器。

眼睛防护：戴化学安全防护眼镜。

身体防护：穿防静电工作服。

手防护：戴橡胶手套。

其他防护：工作现场禁止吸烟、进食和饮水。工作完毕，淋浴更衣。实行就业前和定期的体检。

5) 氢气(H_2)。

① 危险性类别：第 2.1 类易燃气体。

② 理化特性。无色无味气体，容易在空气中扩散。气体比空气轻，熔点(℃)：-259.2，沸点(℃)：-252.8，相对密度(水=1)：0.07(-252℃)，相对密度(空气=1)：0.07；氢气对人体无害但有窒息作用，氢气易燃，与空气可形成爆炸性混合气体，在空气中爆炸极限：4.0%~75%。

③ 防护措施。工程控制：密闭系统，通风，防爆电器与照明。

呼吸系统防护：一般不需要特殊防护，高浓度接触时可佩戴空气呼吸器。

眼睛防护：一般不需特殊防护。

身体防护：穿防静电工作服。

手防护：戴一般作业防护手套。

6) 甲烷(CH_4)。

① 物理性质：

颜色：无色无味；

熔点：-182.5℃；

沸点：-161.5℃；

相对密度(水=1)：0.42(-164℃)；

相对密度(空气=1)：0.5548(273.15K、101.325kPa)；

爆炸上限%(V/V)：15.4；

爆炸下限%(V/V)：5.0；

特殊性质：极难溶于水。

② 化学性质。通常情况下，甲烷比较稳定，与高锰酸钾等强氧化剂、强酸、强碱不反应。但是在特定条件下，甲烷也会发生某些反应。

③ 防护措施。呼吸系统防护：一般不需要特殊防护，但建议特殊情况下，佩带自吸过滤式防毒面具(半面罩)。

眼睛防护：一般不需要特别防护，高浓度接触时可戴安全防护眼镜。

身体防护：穿防静电工作服。

手防护：戴一般作业防护手套。

其他：工作现场严禁吸烟。避免长期反复接触。进入罐、限制性空间或其他高浓度区作业，须有人监护。

④ 急救措施。皮肤接触或眼睛接触：皮肤或眼睛接触液态甲烷会冻伤，应及时就医。

吸入：迅速脱离现场至空气新鲜处。保持呼吸道通畅。如呼吸困难，给输氧。如呼吸停止，立即进行人工呼吸。就医。

⑤ 灭火方法。切断气源。若不能立即切断气源，则不允许熄灭正在燃烧的气体。喷水冷却容器，可能的话将容器从火场移至空旷处。

灭火剂：雾状水、泡沫、二氧化碳、干粉。

泄漏：迅速撤离泄漏污染区人员至上风处，并进行隔离，严格限制出入。切断火源。建议应急处理人员戴自给正压式呼吸器，穿消防防护服。尽可能切断泄漏源。合理通风，加速扩散。喷雾状水稀释、溶解。构筑围堤或挖坑收容产生的大量废水。如有可能，将漏出气用排风机送至空旷地方或装设适当喷头烧掉。也可以将漏气的容器移至空旷处，注意通风。漏气容器要妥善处理，修复、检验后再用。

7）二氧化碳（CO_2）。

① 理化性质。密度：$1.816kg/m^3$。碳氧化物之一，是一种无机物，不可燃，通常不支持燃烧，无毒性。

② 防护措施。工程控制：密闭操作。提供良好的自然通风条件。

呼吸系统防护：一般不需要特殊防护，高浓度接触时可佩戴空气呼吸器。

眼睛防护：一般不需特殊防护。

身体防护：穿一般作业工作服。

手防护：戴一般作业防护手套。

其他防护：避免高浓度吸入。进入限制性空间作业，须有人监护。

8）氮气。

① 危险性类别：第2.2类惰性气体。

② 理化性质。氮气在常况下是一种无色无味的气体，占空气体积分数约78%（氧气约21%），1体积水中大约只溶解0.02体积的氮气。氮气是难液化的气体。氮气在极低温下会液化成无色液体，进一步降低温度时，更会形成白色晶状固体。在生产中，通常采用黑色钢瓶盛放氮气。

外观与性状：无色无臭气体。

溶解性：难溶于水、乙醇。

熔点(℃)：-209.8。

相对密度(水=1)：0.81(-196℃)。

沸点(℃)：-195.6。

相对蒸气密度(空气=1)：0.97。

③ 防护措施。工程控制：密闭操作。提供良好的自然通风条件。

呼吸系统防护：一般不需特殊防护。当作业场所空气中氧气浓度低于18%时，必须佩戴空气呼吸器、长管面具。

眼睛防护：一般不需特殊防护。

身体防护：穿一般作业工作服。

手防护：戴一般作业防护手套。

其他防护：避免高浓度吸入。进入罐、限制性空间或其他高浓度区作业，须有人监护。

④ 消防措施。危险特性：若遇高热，容器内压增大，有开裂和爆炸的危险。有害燃烧产物：氮气。

灭火方法：本品不燃。尽可能将容器从火场移至空旷处。喷水保持火场容器冷却，直至灭火结束用雾状水保持火场中容器冷却。可用雾状水喷淋加速液氮蒸发，但不可使用水枪射至液氮。

⑤ 应急处理。迅速撤离泄漏污染区人员至上风处，并进行隔离，严格限制出入。建议应急处理人员戴自给正压式呼吸器，穿一般作业工作服。尽可能切断泄漏源。合理通风，加速扩散。漏气容器要妥善处理，修复、检验后再用。

四、工艺指标

（1）操作指标

合成氨工艺操作指标如表4-6所示。

表4-6 合成氨工艺操作指标

工艺名称	计量单位	指标范围	序号	工艺名称	计量单位	指标范围
合成系统压力	MPa	≤20.2	17	废锅液位	%	50~80
合成系统压差	MPa	≤1.6	18	氨冷器液位	%	30~80
合成塔压差	MPa	≤1.0	19	氨洗塔液位	%	30~80
一级气氨总管压力	MPa	0.14~0.20	20	氨槽液位	%	10~80
废热锅炉蒸汽压力	MPa	≤4.0	21	循环气 H_2 含量	%	52~60
系统升降压速率	MPa/min	≤0.2	22	循环气 CH_4	%	15~20
循环机油压	MPa	0.25~0.35	23	合成进口气含 NH_3	%	≤3
氨槽压力	MPa	≤1.6	24	新鲜气微量 $CO+CO_2$	ppm	≤15
催化剂热点温度	℃	490~510	25	废炉水质	pH	9~11

续表

工艺名称	计量单位	指标范围	序号	工艺名称	计量单位	指标范围
热点温度波动范围	℃	≤±3	26	总固体	mg/L	≤500
氨冷器温度	℃	≤-7	27	总碱度	mmol/L	≤4
合成塔塔壁温度	℃	≤120	28	总磷	mg/L	≤3
水冷器出口温度	℃	≤40	29	2#3#4#循环机电流	A	≤85
升降温速率	℃/h	40~45	30	5#循环机电流	A	≤49.5
循环机油温	℃	30~50	31	电加热器电流	A	≤3200
氨分液位	%	10~50				

（2）环保指标

合成氨工艺环保指标如表 4-7 所示。

表 4-7　合成氨工艺环保指标

序号	指标名称/位置	计量单位	指标范围
1	氨氮	mg/L	≤25
2	COD	mg/L	≤80
3	总氮	mg/L	≤35
4	总磷	mg/L	≤0.5

（3）职业卫生及消防指标

合成氨工艺职业卫生及消防指标如表 4-8 所示。

表 4-8　合成氨工艺职业卫生及消防指标

序号	消防指标名称/位置	计量单位	指标范围
1	合成大氨槽 NH_3 有毒气体报警仪	ppm	≤35
2	合成小氨槽 NH_3 有毒气体报警仪	ppm	≤35
3	合成 1#螺杆冰机处可燃气体报警仪	%LEL	≤50
4	合成 3#螺杆冰机处 NH_3 有毒气体报警仪	ppm	≤35
5	合成循环机厂房可燃气体报警仪	%LEL	≤50
6	氨合成塔下方北可燃气体报警仪	%LEL	≤50
7	合成烷化塔下可燃气体报警仪	%LEL	≤50
8	合成醇分出口可燃气体报警仪	%LEL	≤50
9	氨合成塔下方南可燃气体报警仪	%LEL	≤50
10	噪声	db（A）	≤65

（4）能源指标

合成氨工艺能源指标如表4-9所示。

表4-9　合成氨工艺能源指标

序号	能源指标名称/位置	计量单位	指标范围
1	吨氨合成耗电量	kW·h/t	49
2	合成循环机出口压力	MPa	15~20.2
3	合成系统压差	MPa	≤1.6
4	醇化醇洗泵出口压力	MPa	15~20

五、岗位设备基础知识

（1）造气

1）岗位任务：

就是将空气和水蒸气通入固定层煤气发生炉中，在高温下将固体燃料进行气化制得合格的半水煤气（CO 29%、H_2 40%、CO_2 8%、N_2 21%、CH_4 1.5%、O_2 0.4%、H_2S 0.5~2.0g/m^3）。

2）主要设备：

煤气发生炉、旋风除尘器、显热回收器、洗气塔、蒸汽缓冲罐、夹套汽包、空气鼓风机、煤气气柜等。

3）工艺原理：

在固体燃料气化过程中，分别通入空气和水蒸气制得空气煤气和水煤气，并成为具有一定比例的混合气体。这种混合气体称之为半水煤气，它是生产合成氨的基本原料气。

4）流程简述：

向煤气发生炉内交替通入空气和蒸汽，与炉内灼热的炭进行气化反应，吹风阶段生成的吹风气根据要求送三气岗位回收热量或直接由烟囱放空，并根据需要回收一少部分入气柜，用以调节循环氢，煤气炉出来的煤气经显热回收、洗气塔冷却和除尘后，在气柜中混合，然后去脱硫。

（2）脱硫

1）岗位任务：

不论是以固体原料，还是以天然气、重油为原料制备的氢氮原料气中，都含有一定成分的硫化物。煤气化半水煤气中硫化物主要是H_2S（90%），其次是CS_2、COS、RSH等有机硫。其含量取决于原料的含硫量及其加工方法，以煤为原料时，所得原料气中H_2S含量一般为1~3g/m^3，有的高达8~15g/m^3。

2）主要设备：

① 静电除焦。静电除焦工作原理：静电除焦利用强电场的作用，使半水煤气中的尘埃、油雾等细微粒带上负电向电极移动，中和后被吸附排出，达到净化气体的目的。静电除焦由塔体部分和电器部分组成。塔体为同心圆式结构。电器部分由高压电源、控制系统、电晕电极组成。其结构如图4-8所示。

② 脱硫塔。脱硫塔中气体和液体两相逆流，脱硫液从上进，从下出，而半水煤气从底部进，从顶部出。规整填料使气液分布更均匀，接触更好，使硫化氢更好地被脱硫液吸收。三宁化工 1#和 2#脱硫塔结构如图4-9所示。

③ 冷却清洗塔。冷却清洗塔分为两段，下端为冷却塔，上端为清洗塔。冷却塔是为了降低从静电除焦来的半水煤气温度，保证

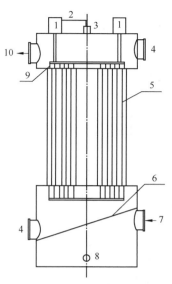

图4-8　静电除焦设备结构示意图

1—瓷瓶；2—电缆线；3—整流器；4—人孔；
5—电晕根；6—配气板；7—进口；
8—排污孔；9—上悬伞；10—出口

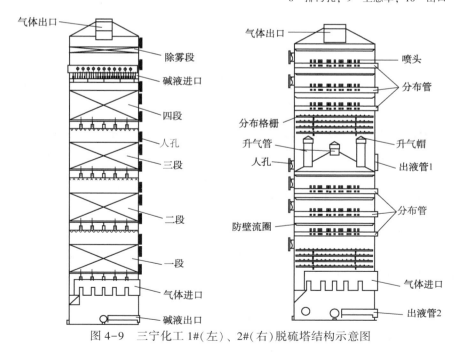

图4-9　三宁化工 1#（左）、2#（右）脱硫塔结构示意图

脱硫的效果。半水煤气和冷却水换热，降低温度。清洗塔是为了除去从脱硫塔出来半水煤气携带的脱硫液等杂质。常用冷却清洗塔结构如图4-10所示。

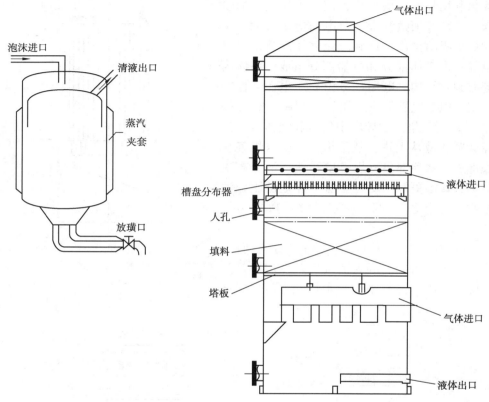

图4-10 常见冷却塔(左)、清洗塔(右)结构示意图

④ 罗茨鼓风机。罗茨鼓风机主要起输送气体的作用。并起一定的加压作用。罗茨机在机体内通过同步齿轮的作用使两叶轮呈反方向旋转，腔体与叶轮构成相互隔绝的进气腔与排气腔，借助于叶轮旋转将机体内的气体由进气腔压缩推送至排气腔，排出气体，达到强制输送气体的目的。常见罗茨鼓风机结构如图4-11所示。

3）工艺原理：

① 吸收。半水煤气中的酸性气体 H_2S 被碱性溶液（ Na_2CO_3 ）吸收生成 NaHS 和 $NaHCO_3$ ，其反应方程式如下：

② 碱的溶解：

$$Na_2CO_3+H_2O\rightarrow NaHCO_3+NaOH/NaHCO_3+H_2O\rightarrow NaOH+H_2O+CO_2$$
$$Na_2CO_3+H_2S\rightarrow NaHS+NaHCO_3/H_2S+NaOH\rightarrow NaHS+H_2O$$

图 4-11　常见罗茨鼓风机结构示意图

$$NH_3+H_2S \rightarrow NH_4HS（氨水脱硫）$$

③ 再生。溶液中的 HS^- 被氧化析出硫（催化剂作用下）：

$$NaHS+O_2 === NaOH+S\downarrow$$

$$NH_4HS+O_2 \longrightarrow NH_3+S\downarrow+H_2O$$

第三节　气体净化

一、岗位职责

1）保证半水煤气脱硫效果，应根据半水煤气的含硫量和温度变化及时调节溶液循环量和脱硫液温度，确保最佳脱硫效果。

2）保证脱硫液各组分的含量。

3）根据脱硫液成分，及时加碱、栲胶及五氧化二钒，保证脱硫液总碱度及其他成分合格。

4）控制再生压力，稳定自吸空气量，使富液再生完全，并保证槽面浮选上来的硫泡沫正常溢流，降低脱硫液中悬浮硫含量。

5）开好过滤机，最大限度地净化溶液。

6）严格防止气柜抽负，泵抽空

7）注意气柜高度变化，气柜低于45%应及时减量，加强前后岗位联系。

8）监视进出口压力，严禁罗茨机抽负，严防空气进入，控制罗茨机进口压力≥20mmH$_2$O。

9）按要求和罗茨机额定电流控制出口压力，严禁超负荷运行。

10）控制各塔液位在指标内，防止产生液封或跑气。

11）严格监视氧分仪和静电塔的正常运行，严防氧高（0.5%）发生爆炸事故，氧高应及时停静电塔，并与前后岗位联系。

12）定期对各静电塔冲洗和水封排水，冲洗之前要先断电挂牌，并且要先降低污水池液位，防止漫液，排污水必须排往污水收集池，由污水泵抽往造气污水。

13）按时进行巡回检查，发现问题及时处理。

14）分析频率：脱硫前、预脱硫塔出口 H_2S、脱硫后 H_2S：1 次/8h；（异常情况增加分析频率）。脱硫液成份分析：总碱度、Na_2CO_3、$NaHCO_3$、每 8h 分析一次。

15）排污频率：$1^\#$静电除焦塔进出口水封、$1^\#$、$2^\#$、$8^\#$、$9^\#$、$10^\#$静电除焦塔倒淋、罗茨机近路及倒淋：每 4h 排水一次，排污水必须排往污水收集池，由污水泵抽往造气污水。

二、岗位任务

采用碱液液相催化法脱硫，将半水煤气中的 H_2S 含量降到 $0.15g/m^3$ 以下，经罗茨机加压后供后工段使用。

及时分离由湿法脱硫得到的硫泡沫，将分离出来的清液返回到清液槽，经清液泵进入碱液冷却器冷却后再经清液泵加压后进过滤机过滤回 1#、2#脱硫系统，分离出的硫在熔硫釜加温制取硫黄供磷肥厂使用。

三、工艺流程简述

（1）反应原理

采用碱液液相催化法脱硫，此法是在一定总碱度的碱液中添加少量的催化剂（栲胶）作为载氧体，吸收半水煤气中的硫化氢，吸收 H_2S 后的溶液，大部分在脱硫塔内被催化剂所携载的氧经氧化析出单质硫，少部分在再生槽内与空气接触氧化，所有析出的单质硫在再生槽内浮选出来，随溢流分离后进泡沫槽，经连续熔硫，清液则循环使用。

1）吸收反应方程式：

碳酸纳+硫化氢→硫氢化纳+碳酸氢纳

$Na_2CO_3 + H_2S \rightarrow NaHS + NaHCO_3 + Q$

2）再生反应方程式：

硫氢化纳+偏钒酸纳→焦钒酸纳+氢氧化钠+单质硫

$2NaHS + 4NaVO_3 + H_2O \rightarrow Na_2V_4O_9 + 4NaOH + 2S \downarrow$

焦钒酸纳+氧化态栲胶+氢氧化钠→偏钒酸钠+还原态栲胶

$Na_2V_4O_9 + 4TQ + 2NaOH + H_2O \rightarrow 4NaVO_3 + 4THQ$

还原态栲胶+空气→氧化态栲胶

4THQ+O$_2$→4TQ+2H$_2$O

碳酸氢钠+氢氧化钠→碳酸钠

NaHCO$_3$+NaOH→Na$_2$CO$_3$+H$_2$O

（2）溶液组分及控制

1）栲胶溶液的预处理。

栲胶水溶液的胶黏性和易发泡性对脱硫和硫黄回收的操作是不利的，它能造成熔硫和过滤困难，致使脱硫液悬浮硫含量增高，副反应加剧，消耗增加，脱硫液活性下降。未经预处理的栲胶溶液引入系统后会出现上述现象，尽管随着运转时间的延续能逐渐转入正常，但对生产的影响是不可忽视的。按照一定组成配制的碱性栲胶水溶液，在一定的操作条件下通空气氧化，消除溶液中的胶黏性及发泡性，并将其中的酚态栲胶氧化变为醌态栲胶的操作过程称为溶液的预处理。根据胶体溶液双电层结构的性质，当溶液的 pH 值升高时，氢离子浓度降低，吸附层中正离子进入扩散层，促使颗粒降解，溶液的胶黏性被破坏，当溶液加热并通入空气氧化时丹宁发生降解反应，大分子变小，表面活性物质变为表面非活性物质，溶液的胶黏性变弱以至消失，氧化过程中丹宁的酚态结构变为醌态结构使溶液具有活性。

2）溶液组分：

溶液组分的好坏是决定脱硫效率高低的先决条件。在实际生产过程中，要及时根据各项工艺指标以及分析数据的情况，及时适量的补充脱硫过程中所消耗的原料，以保证溶液在工艺指标内良好运行。

3）再生效果及再生空气量：

脱硫液的再生受溶液成分、再生温度、自吸空气量、溶液在再生槽内停留时间等因数的影响。一般而言，再生温度控制在 40℃ 左右为宜。温度过高，副反应会急剧增加，再生槽内的硫颗粒因碰撞加剧而长大下沉，从而通过贫液槽进入脱硫塔，易造成填料堵塞；温度过低，则使主反应速度减慢，不利于再生。自吸空气量大小与再生泵的出口压力成一定正比例关系，必须保证喷射器液体进口处压力≥0.32MPa。另外，根据再生槽内液量开启喷射器的台数。（每台喷射器允许液量 40~50m³/h）溶液在再生槽内停留时不能低于 5min。此外，保证再生槽内的硫磺沫及时溢流出来使十分必要的。在正常的情况下，液气比为（1:3~1:4），液气比高，硫代硫酸钠将被氧化成硫酸钠，液气比低，溶液再生不完全，单质硫析出太少，副反应增多。再生空气的用量可通过调整喷射器再生器个数及喷射再生器的吸气口的开度来调节。

4）溶液循环量：

正常情况下，脱硫泵流量与再生泵流量应保持相对的平衡，在溶液各组分适宜的情况下，系统半水煤气负荷增加或半水煤气中硫化氢含量增加时，应适当增加溶液循环量，以保证气、液比和脱硫塔的喷淋密度，满足生产需要。同时应考虑溶液在脱硫塔的析硫时间和在再生槽的氧化时间（也就是说循环量要兼顾吸收与再生液的相对平衡），反过来则相反。

5）溶液的 pH 值：

因为硫化氢是酸性气体，因此脱硫溶液应保持一定的 pH 值，一般控制在 8.5~9.0 之间。pH 值太低，不利于吸收硫化氢及栲胶溶液的氧化，并会降低氧的溶解度，溶液再生差。但如果 pH 值太高，会加快副反应，副产物生成率高，影响析硫速度，硫回收差并且增加碱耗。pH 值的高低取决与总碱度和碳酸钠的含量，可通过调整总碱度及碳酸钠的含量来调节 pH 值。

6）电位值：

栲胶脱硫的吸收和再生是一个氧化还原过程，其硫溶液是由多种具有氧化还原性物质组成的混合溶液，具有一定的电极电位。电位值能较好地反映脱硫生产的情况。电位值低，则说明溶液氧化再生差以及溶液组分不适宜，溶液中 HS^-、V^{4+}TerS（酚态）均较高。电位值高，说明溶液氧化再生充分，溶液中 V^{5+}、TeoS（醌态）溶解氧相对较高。因此从溶液的电位值高低，可以准确简便、快速的判定系统吸收及再生的好坏。一般电位值控制在 $-120 \sim -80 mV$。

7）吸收温度：

15~30℃之间，温度对吸收再生影响不是很大，当温度大于 30℃时，吸收硫化氢的速度增快，也相应的加快了硫黄的析出。但温度太高时，生成硫代硫酸钠的副反应加剧，析出的硫黄颗粒和溶液黏度也相应增大，容易造成设备和管道的堵塞。温度过低，硫容太小，反应不完全，脱硫效率低，影响水的平衡。正常情况下，控制温度在 38~42℃之间。温度高时，可用贫液槽、富液槽上的压缩空气降温；温度低时，可以用贫液槽、富液槽上的蒸汽加热盘管通蒸汽升温。

8）副反应物的生成

在脱硫过程中，不可避免地要生成一些副反应产物。如果副反应产物含量高到一定地程度，将会影响正常生产，因此应该严格执行工艺指标，加强溶液地管理，稳定工艺操作。同时，对废液的回收，应做分析，只有在不超标地情况下方可回收利用，以保证系统溶液中地副产物相对稳定在许可地范围内。

硫化硫酸盐是 H_2S 在被吸收过程中生成的中间产物 HS^- 在遇氧时生成的，即（一个吸收反应，一个氧化反应）

$$Na_2CO_3 + H_2S \rightarrow NaHCO_3 + NaHS$$

$$2NaHS + 2O_2 \rightarrow Na_2S_2O_3 + H_2O$$

吸收和氧化这两个反应在吸收塔内就完成了。也就是说，煤气中的氧含量越高，其副产物生成的就越多，消耗的碱也就越多。因此控制煤气中的氧含量，是减少副产物生成的根本。生成的硫氢化盐也要消耗碱。要求副产物硫代硫酸钠和硫氢化钠分别不要超过 100g/L，超过了就要提取副产物，否则，溶液的脱硫能力就会下降。副产物达到一定浓度就会影响碱的溶解，甚至析出盐碱造成堵塞。要想保持脱、硫正常，又不影响副产物，那么势必就要扔掉一部分溶液，这样既增加了化工物料的消耗，同时也造成了环境污染。因此，改善操作，减少副产物的生成是减轻环境污染合降低物耗的关键所在。

成分失调及控制在栲胶脱硫溶液比例失调时，$NaHCO_3$ 不能及时转换成 Na_2CO_3，如吸收反应式：$Na_2CO_3+H_2S \rightarrow NaHCO_3+NaHS$，加 V_2O_5 析硫与 $NaHCO_3$ 转换为 Na_2CO_3 的反应是：$NaHS+NaHCO_3+NaVO_3 \rightarrow NaV_2O_5+S \downarrow +H_2S+Na_2CO_3$，在栲胶脱硫溶液中，栲胶的作用是把 V^{4+} 氧化成 V^{5+}，V^{5+} 把 H^{S-} 氧化成单质硫。如果 V^{5+} 在溶液中失去或低于工艺指标太多，会使脱硫液中的 $NaHCO_3$ 转化为 Na_2CO_3 太少。为了气体脱硫合格，势必会往溶液中大量的加 Na_2CO_3，使得 $NaHCO_3$ 在溶液中积累越来越多。另外，栲胶量少或栲胶质量不合格等，不能将催化剂反应中的 V^{4+} 氧化成 V^{5+}，V^{4+} 容易与 O_2 和单质硫生成 $S-O-V$ 沉淀物，会使溶液再生不好，颜色成深褐色，活性下降，总碱度也不应控制过高，否则会使 $Na_2S_2O_3$ 副产物增多，同时溶液吸收 CO_2 的量也增多。

（3）系统气体流程

1）1#系统：

从气柜来的半水煤气分两部分，一部分进 4#静电除焦塔除去焦油后；另一部分气进 3#静电除焦塔除去焦油后，两部分气体汇合后经罗茨机加压后到冷却清洗塔冷却段降温除去杂质，再进预脱硫塔（一级脱硫），与从上而下喷淋的碱液逆向接触，脱除部分 H_2S（脱硫效率大于 50%），再经脱硫塔（开一备一）与脱硫液逆向接触进一步脱硫，脱硫后的气体进入冷却清洗塔清洗段，与从上而下的清水接触，洗去煤气中的污物、杂质，进一步净化后，经后置并联静电塔除去焦油、杂质，最后至压缩一进。此外，从清洗塔出口至 4#静电塔出口间配置有系统大近路，便于出口压力控制。

2）2#系统：

从前置静电除焦塔来的半水煤气，经罗茨机加压后到冷却预脱塔冷却段降温除去杂质，再进冷却预脱塔预脱段，与从上而下喷淋的碱液逆向接触，脱除部分 H_2S，再经脱硫塔（开一备一，2#脱硫塔为无填料脱硫塔）与脱硫液逆向接触进一步脱硫，脱硫后的气体进入清洗塔，与从上而下的清水接触，洗去煤气中的污物、杂质，进一步净化后，经后置并联静电塔除去焦油、杂质，最后至压缩一进。此外，从 1#系统 1#静电除焦塔出口水封到 2#系统静电除焦塔出口总管间配置有连通阀；从 2#系统出口总管至富液槽到罗茨机进口总管的管线上配置有系统大近路，便于出口压力控制。

（4）系统碱液流程

1）1#系统：

脱硫液从贫液槽底部出来经脱硫泵加压后，进入脱硫塔顶部分布器，从上而下与半水煤气逆向接触，吸收 H_2S 后从脱硫塔底部出，通过调节阀进入富液槽。从富液槽底部出来的富液经再生泵加压抽入再生槽喷射器，与空气接触在催化剂的作用下在再生槽内氧化，析出单质硫后进入贫液槽循环使用。从脱硫塔出来的碱液分另一路经预脱硫泵进入预脱硫塔脱硫后通过调节阀再进入富液槽循环。泡沫进入 1#泡沫槽，经泡沫泵抽往主泡沫槽。

2）2#系统：

脱硫液从贫液槽底部出来经脱硫泵加压后，进入脱硫塔顶部分布器，从上而下与半水煤气逆向接触，吸收 H_2S 后从脱硫塔底部出，通过调节阀及 U 形水封进入富液槽(2#脱硫塔则是从脱硫泵来的碱液先进入脱硫塔上部分布器，从上而下与半水煤气逆向接触，吸收 H_2S 后从脱硫塔中部出，经加压脱硫泵加压后，进入脱硫塔下部分布器，从上而下与半水煤气逆向接触，吸收 H_2S 后从脱硫塔底部出，通过调节阀及 U 型水封进入富液槽)。从富液槽底部出来的富液经再生泵加压抽入再生槽喷射器，与空气接触在催化剂的作用下在再生槽内氧化，析出单质硫后进入贫液槽循环使用。从脱硫塔出来的碱液分另一路经预脱硫泵进入冷却预脱硫塔预脱段脱硫后通过 U 型水封再进入富液槽循环。泡沫进入 2#泡沫槽，经泡沫泵抽往主泡沫槽。

3）熔硫装置：

从 1#系统、2#系统、变脱来的泡沫汇合到主泡沫槽后，经熔硫泵加压进入连续性熔硫釜，在釜内与蒸汽换热，生成的清液通过溢流管到收集桶，被冷却泵加压进入碱液冷却器进一步降温，降温后的清液经过滤机过滤后分别通过阀门控制回到 1#系统、2#系统贫液槽循环使用。

（5）循环冷却水流程

1）1#系统：

冷却塔用水：从 2#、3#凉水塔底部出来的凉水经 3#、4#循环水泵加压后，进入冷却清洗塔冷却段上部水分布器均匀分布下来，与半水煤气逆向接触，使气体冷却后从下部流出，经 1#、2#水泵加压，从 2#、3#凉水塔顶部进入冷却降温后循环使用，同时补充适量的除盐水。

清洗塔用水：从 1#凉水塔底部出来的凉水经 5#、6#水泵加压，进入冷却清洗塔清洗段上部水分布器均匀分布下来，与脱硫后气体逆向接触，清洗气体中夹带的杂质后，经自调后从 1#凉水塔顶部进入冷却后循环使用，同时补充适量的除盐水。

2）2#系统：

冷却塔用水：从 2#、3#凉水塔底部出来的凉水经 3#、4#水泵加压后，进入冷却预塔塔冷却段水分布器，均匀分布下来，与半水煤气逆向接触，使气体冷却后从下部流出经 1#、2#水泵加压，从 1#、2#凉水塔顶部进入冷却降温后循环使用，同时补充适量的除盐水。

清洗塔用水：从 1#凉水塔底部出来的凉水经 7#、8#水泵加压，进入清洗塔上部水分布器，均匀分布下来，与脱硫后气体逆向接触，清洗气体中夹带的杂质后从下部流出经 5#、6#水泵加压，从 3#凉水塔顶部进入冷却降温后循环使用，同时补充适量的除盐水。

四、工艺指标

（1）脱硫装置

脱硫装置工艺指标如表 4-10 所示。

表 4-10　脱硫装置工艺指标

压力	罗茨机进口压力≥20mm Hg	罗茨机油压 0.2~0.5MPa	系统出口压力≤350mmHg
	罗茨机出口压力≤430mm Hg	气柜高度≥45%	再生压力 0.45~0.55MPa
成分	硫后≤0.15g/m³	脱硫效率>96%	栲胶含量 1.2~1.5g/L
	脱硫总碱度 0.3~0.6	NNaCO₃ 含量 2~10g/L	悬浮硫<1000mg/L
	NaHCO₃ 含量 25~40g/L	副盐总量≤250g/L	总钒 0.8~1.2g/L
温度	脱硫液温度 32~45℃	静电塔瓷瓶温度 80~130℃	栲胶活化温度 80~100℃
液位	贫液槽 40%~70%	富液槽 60%~90%	泡沫槽 20%~80%
	脱硫塔设定 50%	预脱硫塔设定 50%	1#系统冷却塔、清洗塔设定 50%
	2#系统冷却塔、清洗塔设定 70%	冷却清洗池 50%~70%	
电压	8#、9#、10#静电塔输出电压 30~60kV	静电塔输出电流 300~600mA	静电塔输出电流 500~1500mA

（2）熔硫装置

熔硫装置工艺指标如表 4-11 所示。

表 4-11　熔硫装置工艺指标

压力	外来蒸汽≤0.45MPa	泡沫泵出口压力≥0.4MPa
	釜内外压差≤0.2MPa	熔硫釜内≤0.5MPa
温度	分离液温度80~120℃	
液位	泡沫槽液位1/2~2/3	清液槽液位20%~60%

五、岗位设备基础知识

（1）制氮机。

采用特制的碳分子筛作为吸附剂，运用 PSA 变压吸附制氮技术，在常温、低压条件下直接从空气中制取氮气。经过净化处理后的干燥压缩空气，在变压吸附的作用下，氮氧分离，有效地富集氮气。其外观结构如图 4-12 所示。

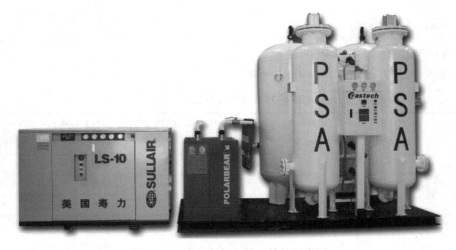

图 4-12　常用制氮机外观结构示意图

（2）空压机

螺杆压缩机（空压机）是一种工作容积作回转运动的容积式气体压缩机械。气体的压缩依靠容积的变化来实现，而容积的变化又是借助压缩机的一对转子在机壳内作回转运动来达到。常用螺杆压缩机结构如图 4-13 所示。

（3）离心泵的工作原理

离心泵依靠旋转叶轮对液体的作用把原动机的机械能传递给液体。由于作用液体从叶轮进口流向出口的过程中，其速度能和压力能都得到增加，被叶轮排出的液体经过压出室，大部分速度能转换成压力能，然后沿排出管路输送出去，这时，叶轮进口处因液体的排出而形成真空或低压，吸入口液体池中的液体在液面

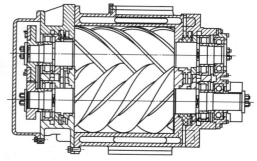

图 4-13　螺杆压缩机结构示意图

压力(大气压)的作用下，被压入叶轮的进口，于是，旋转着的叶轮就连续不断地吸入和排出液体。常用离心泵工作原理及结构如图 4-14 所示。

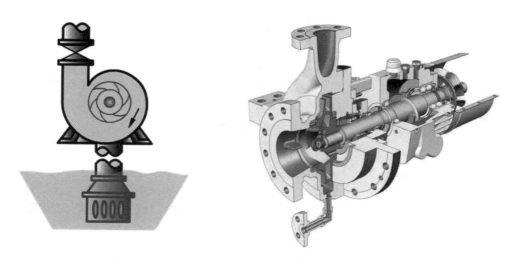

图 4-14　常用离心泵工作原理(左)、结构(右)示意图

（4）熔硫釜工作原理

对含硫气体采用湿法脱硫所产生的硫泡沫通常收集贮存在硫泡沫槽中，熔硫釜就是用来处理这些硫泡沫的设备，在硫泡沫中，硫以单质硫的微小颗粒附在泡沫中。熔硫釜运行时，利用压缩空气或耐碱泵将硫泡沫输送至熔硫釜内，熔硫釜为夹套容器，夹套内通蒸汽对硫泡沫进行加热，当加热至 70~90℃时使脱硫液分离，硫沉淀下来通过熔硫管放硫，清液由分离器导管排除；这样连续进料，间断放硫就是其基本原理。常用典型熔硫釜结构如图 4-15 所示。

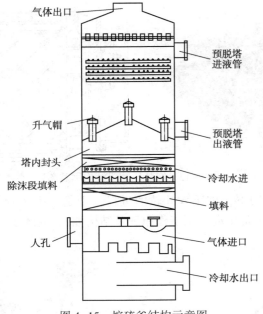

图 4-15 熔硫釜结构示意图

第四节 尿素合成

一、岗位职责

1）不经当班班长的许可，不得擅离职守。经许可离开操作岗位时，应将生产情况及设备运转情况交接给责任人，交接清楚方可离开；

2）操作工应认真、严肃地填写各项原始记录。要求书写工整，数据真实，不得随意涂改；

3）对实习人员和参观人员有技术指导和讲解的责任；

4）经常与分析岗位了解各项分析数据，保证系统各项分析指标在规定范围内；

5）经常与 CO_2 压缩机、脱碳岗位联系，了解气质、气量的变化情况及仪表空气，保证入塔 CO_2 气质、气量均匀稳定，及仪表空气的稳定供应；

6）经常与泵房岗位联系，了解各泵的运行情况，及各相关储槽的液位；

7）要与蒸发岗位协调配合，尤其是在停车时或系统加减量时，应保证稳定生产；

8）注意与锅炉岗位联系，了解蒸汽情况，保证蒸汽压力在指标内；

9）注意与合成氨库联系，保证尿素供氨的压力，并严防将气氨送到尿素界区。与氨回收岗位联系，了解氨水的供应情况；

10）经常与电工、仪表工等联系，保证 DCS 及变频器、仪表等的正常运行和调节使用；

11）注意与循环岗位的配合，保证系统安全稳定运行；

12）与包装岗位联系保证成品尿素包装入库；

13）若本岗位发生故障，应及时向上级（班长、调度、车间领导）和有关岗位联系，紧急情况下，可以采取相应的紧急措施，确保系统安全。

二、岗位任务

将合成氨系统来的液氨与二氧化碳经加压在高压设备内反应得到尿素熔融物，用原料 CO_2 气在合成压力下将尿素熔融物汽提，使其中的氨基甲酸铵分解，返回合成系统，洗涤从尿素合成塔出口的气体实现合成压力下的冷凝回收，未反应和未转化成尿素的氨基甲酸铵溶液经低压段分解分离，回收循环返回合成系统，经过逐步分解，蒸发，浓度约99.7%的尿液送往造粒塔造粒。

三、工艺流程简述

（1）基本原理

1）物理性质：

尿素（Urea）学名碳酰二胺，分子式为 $CO(NH_2)_2$，相对分子质量60.06，含氮量46.65%。因为在人类及哺乳动物的尿液中含有这种物质，故称尿素。纯尿素为无色、无味、无臭的针状或棱柱状结晶。工业上尿素产品因含有杂质，一般是白色或浅黄色结晶。

纯尿素的熔点在1atm下为132.7℃，超过此温度开始分解，密度分别为：熔融尿素 $1.22g/cm^3$（132.7℃），晶状尿素 $1.335g/cm^3$（20℃），粒状尿素 $1.4g/cm^3$；在25℃下比热容为 $1.34kJ/(kg℃)$，结晶热为242.21kJ/kg。

尿素在空气中易吸湿，吸湿性次于硝酸铵而大于硫酸铵，故包装、储运要注意防潮。

2）基本原理：

一般合成尿素的反应是在液相中分两步进行的：

① 甲铵生成反应。

将液氨与 CO_2 在高温高压作用下生成液体氨基甲酸铵，

$2NH_3$（液）$+CO_2$（气）$=\!=\!= NH_4COONH_2$（液）$+117.17kJ$ 是强放热反应，反应速度很快，容易达到化学平衡。

② 甲铵脱水反应。

$NH_4COONH_2($液$) \Longrightarrow CO(NH_2)_2($液$) + H_2O($液$) - 15.48kJ$ 为微吸热反应，主要在液相中进行，且为控制反应。在工业装置中实现第一、二步反应，对于 CO_2 汽提来说是将甲铵生成及甲铵脱水这两个反应主要分别在高压冷凝器及尿素合成塔中进行的。

（2）工艺流程概述

1）CO_2 压缩净化和氨的升压：

在脱碳工段中常压解析和真空解析出来的 CO_2 气含有少量氢气，其经过液滴分离器后，温度<40℃，CO_2 纯度≥98%，H_2<1.2%，O_2 0.3%~0.6%，经过净化压缩最终 CO_2 压力达到 14.2MPa，进入汽提塔。液氨来自合成氨装置，压力为 2.1MPa（绝），温度为<30℃，经液氨过滤器和缓冲罐进入高压液氨泵入口，液氨经高压液氨泵加压至 16.8MPa（绝），高压液氨送到高压喷射器作为喷射物料，将高压洗涤器送来的甲铵液带入高压甲铵冷凝器。

2）高压合成、气提和洗涤：

尿素合成反应液从合成塔底上升到正常液位，经溢流管由底部出口排出。来自尿素合成塔的合成液一路经合成塔出液调节阀（HV2201）控制进汽提塔的顶部流入管内（温度为184℃左右），再经塔内液体分配器均匀分配到每根气提管中，沿管壁成液膜状下降，与汽提塔底部进入的二氧化碳气在管内逆流接触，进行气提。气提塔的管间用 1.8~2.1MPa 蒸汽加热，在此条件下，将合成反应液中大部分甲铵分解和过量氨逸出。温度为 180~185℃ 的汽提气由气提塔顶部出来，与高压喷射器来的原料液氨和来自高压洗涤器的甲铵一并进入高压甲铵冷凝器管内，大部分生成甲铵液。管间用蒸汽冷凝液移走甲铵生成热，副产低压蒸汽。反应后的甲铵及部分未反应物分两路进入尿素合成塔底部，物料中总 $n(NH_3)/n(CO_2) = 2.9$，温度为 165~170℃。在合成塔内，未反应物继续反应生成甲铵，并且甲铵脱水生成尿素。合成塔顶部引出的未反应气（主要含 NH_3、CO_2 及少量 H_2O、N_2、O_2 等），温度为 183~185℃，进入高压洗涤器上部的防爆空间，再引入高压洗涤器下浸没式冷却段与中心管流下的甲铵液在底部混合，在列管内并流上升并进行吸收，得到 170℃ 左右的高浓度的甲铵液 $[w(H_2O) = 23\%，n(NH_3)/n(CO_2) = 2.5]$ 由高压洗涤器中流出送入高压喷射泵与新鲜液氨（16.8MPa）一并进入高压冷凝器的顶部。高压洗涤器冷凝段管间通冷却水吸收反应热，浸没式冷凝段未能冷凝的气体进入高压洗涤器中部鼓泡段，与高压甲铵泵送来的甲铵液（经由洗涤塔顶部中央循环管，流入鼓泡段）逆流相遇，气体中的 NH_3、CO_2 再次被吸收。未被吸收的气体由高压洗涤器顶部引出经自动减压阀降压后进入低压吸收塔下部。合成塔出液另一路经调节阀（HV5101）控制进入中压分解塔。

3）中压分解吸收：

合成反应液分成两部分，大部分送入原 CO_2 汽提塔，基本上维持原先的流程进行气提分解和低压分解循环操作。另一部分从合成塔直接减压至 1.6~1.8MPa 的物料与汽提塔排出液的一部分混合后，送至中压分解汽提塔内分解。

中压分解汽提塔上部分离段有填料层，气液分离后，液相经分布器喷洒到规整填料层，与汽提段上升的气体进行传质传热。液相进入汽提段上部的液体分布器，经小孔呈液膜状流入汽提管，与从压缩机三段引出来的 CO_2 逆流接触，壳侧用 1.0MPa 蒸汽加热，使过剩氨与未转化的甲铵分解。液相经液位调节阀减压后送入精馏塔，分解后的气相随 CO_2 一起上升至填料段，经与高压系统来的尿素溶液传质传热后送至真空预浓缩换热器内，回收热量用于预热尿液。同时来自低压吸收系统的甲铵液，经中压甲铵泵加压后，与中压分解塔顶部气体汇合，这样在真空预浓缩换热器壳侧中，中压分解气体的冷凝和部分甲铵生成放出的热量能进行回收。经过真空预浓缩换热器未冷凝的气体送到新增中压甲铵冷凝器进一步冷凝成甲铵溶液。中压甲铵冷凝器为立式 U 形换热器。冷凝液放出的热量由密闭的中调水移出，此热量最终由中压调温水冷却器用循环冷却水移走。冷凝形成的中压甲铵液含 H_2O 约 26.0%（质），冷凝温度控制在 95~100℃，该甲铵液组分采用通入分解塔下部的 CO_2 流量来调节，使中压甲铵液中的 NH_3/CO_2 比控制在 2.3 左右，中压甲铵液由高压甲铵泵分别送入高压洗涤器和高压甲铵冷凝器内，参与高压合成反应。由于原低压甲铵液送入中压系统，故中压甲铵液中含水量取决于低压甲铵液中水含量的控制。

中压甲铵冷凝器未冷凝的气体经减压后与低压分解气合并后进入原低压甲铵冷凝器，进一步冷凝回收成稀得甲铵溶液。

4）低压分解吸收：

来自气提塔底部和中压分解塔出来的的尿素、甲铵溶液，经过自动减压阀，分别进入到精馏 A/B 塔。减压到压力 0.25~0.35MPa。减压后，溶液中 41.5% 的 CO_2 和 69% 的 NH_3 得到减压闪蒸分解，并使溶液温度从 170℃ 降到 120℃，气液混合物进入精馏 A 塔顶。精馏塔（组合式）上部为填料塔，起着气体精馏作用，下部为分离器。经过填料段下落的尿素-甲铵流入循环加热器，用 0.4MPa 蒸汽加热，温度升高至尿液温度约 135℃ 时返回精馏塔下部分离段，在此气液分离。分离后的尿液主要含尿素和水（甲铵和过剩氨极少），由精馏塔底部引出，经减压后流入真空预浓缩换热器，再到真空预浓缩分离器减压分解后到尿液槽。

精馏塔分离段分离后气体上升到填料段与喷淋液逆流接触，进行质量和热量的传递。尿液中易挥发的 NH_3、CO_2 从液相扩散到气相，气相中难挥发的水分向液相扩散，从而使精馏塔底得到尿素和水含量多而 NH_3 和 CO_2 含量少的尿液，精馏塔顶部引出含 NH_3 和 CO_2 多的气体。这部分气体在低压甲铵冷凝器冷凝，同低压甲铵冷凝器液位槽的部分溶液在壳程并流冷凝吸收，其冷凝热和生成热靠一个循环泵和一个冷却器送来的循环水在管内移走。然后气液混合物一起进入低压冷凝器液位槽进行气液分离。被分离出的气体上升进入常压吸收塔的填料层，被顶部喷淋液(低压吸收塔下来的部分循环液和常压吸收塔本身的部分循环液，经由循环泵和冷却器送到常压吸收塔顶)吸收其中的 NH_3 和 CO_2，未吸收的惰性气体由塔顶放空，吸收后的部分甲铵液由塔底排出，经中压甲铵泵打入中压甲铵冷凝器作为吸收剂。

5）蒸发造粒：

从精馏塔过来经过真空预浓缩换热器，分离器的尿液去尿液缓冲槽，浓度约80%左右尿液经过尿液泵加压后送到一段蒸发器加热蒸发，分离后的尿液浓度约97%左右，再去二段蒸发加热器分离后尿液浓度约有99.7%，经熔融泵加压后送至造粒喷头从而得到成品尿素，成品尿素经过皮带运输到流化床经过冷却和去除一部分粉尘而包装成成品；真空预浓缩分离器分离后的气相经过真空预浓缩冷却器冷凝后的气相与一蒸气相混合后去一表冷，一表冷未冷凝的经过一段喷射泵去放空，真空预浓缩冷却器及一表冷液相去氨水槽；二蒸分离后的气相经过升压器抽至二表冷冷凝后液相去氨水槽，未冷凝的气体经过喷射泵去放空；另一表冷气相及二表冷气相和二表后冷气相可经过最终冷凝器冷凝后去放空。

6）解吸水解：

氨水经过解吸塔换热器，加热到105℃送到第一解吸塔第3块塔盘，解吸出氨和 CO_2。出第一解吸塔的液体，经水解塔给料泵，加压到2.0MPa(绝)再经水解塔换热器换热后，进入水解塔上部。水解塔的下部通入界外来2.4MPa的蒸汽(绝)，使液体中所含的少量尿素水解成氨和 CO_2，气相进入第一解吸塔第5块塔盘，液相经水解塔换热器后，进入第二解吸塔上部。第二解吸塔下部通入0.4MPa的蒸汽进行解吸，塔底温底为143℃，从液相中解吸出来的氨和 CO_2 及蒸汽，直接导入第一解吸塔的下部，与第一解吸塔的液体进行质热交换。出第一解吸塔的气相，含水小于40%，在回流冷凝器中冷凝。冷凝液一部分回流到第一解吸塔的第1块塔盘，以控制出塔气相的水量，另一部分送到低压甲铵冷凝器作为吸收液，未被冷凝的气体进入常压吸收塔，进一步回收氨和 CO_2 后放空。在第二解吸塔，解吸后的液体含氨<15×10^{-6}、尿素<5×10^{-6}，经解吸塔换热器换热和废水冷却后送出尿素界区。经净化深度水解后送到造气夹套利用。

7）蒸汽及蒸汽冷凝液系统：

自界区来的压力2.4MPa、温度225℃的蒸汽。大部分经自调阀减压进入高压蒸汽饱和器产生2.0MPa蒸汽作汽提塔热源，一部分蒸汽去水解塔作热源，另一部分蒸汽补充入中压蒸汽饱和器产生0.8MPa蒸汽用，于二段蒸发加热器及高压系统保温伴热，增加中压系统后加了一路到中压分解塔蒸汽饱和器减压到0.7MPa加热。0.4MPa蒸汽由高压甲铵冷凝器换热副产，用于循环加热器，一段蒸发，解吸塔及系统伴热，系统满负荷运行可外送0.4MPa蒸汽。

一蒸加热器、二蒸加热器、精馏A加热器蒸汽冷凝液主要回锅炉槽，经锅炉给水泵为低压汽包供水，二蒸加热器、精馏A加热器蒸汽冷凝液也可以到冷凝液槽；气提塔加热蒸汽冷凝液经高压蒸汽饱和器，在中压蒸汽饱和器内闪蒸成蒸汽，中包液相给低压汽包补液，低包多余冷凝液回蒸汽冷凝液槽；精馏B加热冷凝液到冷凝液槽。蒸汽冷凝槽冷凝液经蒸汽冷凝液泵加压后作为低压冲洗水，用于低压蒸发等系统冲洗工艺处理，部分低压冲洗水经高压冲洗水管网作为开停车高压系统冲洗、工艺处理用水。

8）尿素循环冷却水系统：

尿素循环水消耗受气温影响较大，夏季可达到$100tH_2O/tur$，故尿素最大用水量计设为6000t/h，配置3170m³/h水泵两台，6710m³/h水泵一台，夏季开两小备一大，气温低时开一备二，因尿素循环水需给CO_2压缩机和净化车间部分岗位提供冷却水，所以另外配置两台3170m³/h，一台2000m³/h的循环水泵，整个循环水系统设计能力11960m³/h，设计上水温度<35℃，回水温升7℃左右。

（3）尿素生产特点

1）高压高温：

尿素合成反应是在高压、高温下进行的，高温、高压对氨的合成反应有利，但也给本工段的安全生产带来了许多不利因素。第一，在高温高压下，甲铵液对钢材的腐蚀作用加剧，使钢材脱碳而变脆；从而减弱其机械性能；第二，材料在高温高压下也会发生持续的塑性变形积累，改变其金相组织从而引起材质强度、延伸率等机械性能下降，使材料产生拉伸，致泡、变形和裂纹而破坏；第三，高温高压使可燃气体的爆炸极限扩大，高压更对上限影响较大，由于爆炸界限加宽使其危险性增加；第四，高压高温时设备维护不利，会增加设备管道泄漏。

2）高压、中压、低压、真空并存：

本工段有四种操作压力，一种是高压14.5MPa的压力系统尿素合成塔操作部分；1.6~1.8MPa的中压系统；1.9~2.0MPa的水解操作部分；另一种是低压0.25~0.35MPa的低压分解吸收操作部分等四种操作压力，还有蒸发系统−100~−40kPa的操作压力，压力不同而又相差甚大的压力系统同时存在又彼此紧密相连。如果操作失误或其他设备方面原因，分离器的液位控制过低，就易造成高压气串入低压系统，引起超压操作，其结果是设备超压爆炸，造成大量物料泄漏危害极大。

3）易燃易爆易腐蚀：

从设备上来看，高低压设备由于所承受介质属于易燃易爆物质，一旦发生事故伤亡损坏严重，破坏力大。同时尿素对系统腐蚀较强，合成塔内外部腐蚀而产生裂纹，发生爆炸，尾吸气中的惰性气体不参加系统反应的 H_2、N_2、O_2，若浓度积累越来越高，其组分进入爆炸区内，在某种引爆因素下(如明火、撞击、静电、焊接、摩擦)就会发生爆炸。

4）低温有毒：

在常温常压下，氨是有刺激性臭味的无色气体，有毒能使人窒息。液氨极易挥发成气氨，因其温度低(在零度以下)，溅落在皮肤上会造成化学烧伤。氨的允许浓度 $30mg/m^3$。

5）易烫伤：

高温甲铵液、尿液、蒸汽、冷凝液发生泄漏容易将人烫伤。

四、工艺指标

工业、农业用尿素的标准参数及尿素合成工艺指标如表4-12和表4-13所示。

表4-12　工、农业用尿素的标准指标参数

项目	工业用			农业用		
	优等品	一等品	合格品	优等品	一等品	合格品
外观	白色/%			白色或浅色颗粒状/%		
总氮(N)含量(以干基计) ≥	46.3	46.3	46.3	46.4	46.2	46.0
缩二脲 ≤	0.5	0.9	1.0	0.9	1.0	1.5
水分(H_2O) ≤	0.3	0.5	0.7	0.4	0.5	1.0
铁(Fe计) ≤	0.0005	0.0005	0.0010			
碱度(以 NH_3 计) ≤	0.01	0.02	0.03			

项目	工业用			农业用		
	优等品	一等品	合格品			
硫酸盐含量(以 SO_4^{2-} 计) ≤	0.005	0.010	0.020			
水不溶物 ≤	0.005	0.010	0.040			
亚甲基二脲(以 HCHO 计) ≤				0.6	0.6	0.6
粒度 d0.85~2.80mm ≥	90	90	90	93	90	90
d1.18~3.35mm ≥						
d2.00~4.75mm ≥						
d4.00~8.00mm ≥						

注：1. 若尿素生产工艺中不加甲醛，可不做亚甲基二脲含量的测定。

2. 指标中粒度项只需符合四档中任一档即可，包装标识中应标明。

表 4-13　重要物料点参数表

物料名称	组分含量/%							
	CO_2	N_2	NH_3	H_2	H_2O	O_2	Ur	Bi
汽提塔入口 CO_2	93.56	5.12			1.54	0.69		
进入系统液氨		0.07	99.14	0.02	0.5			
汽提塔气相出口	61.07	0.96	33.71		4.11	0.15		
合成塔气相出口	20.37	9.6	64.47	0.48	3.44	1.25		
高压洗涤器出口尾气		83.94	1.21	4.13		10.72		
高压洗涤器出口甲铵液	38.2		34.88	26.31			0.610	
高甲冷至合成塔气液和	43.44	0.44	48.41	0	7.47	0.11	0.13	
喷射泵出口	21.62	0.03	62.87	0.01	15.12		0.35	
合成塔出液	19.87		29.98		17.53		32.5	0.12
汽提塔出液	10.07		7.77		27.11		54.78	0.27
精馏塔出口气相	28.3		52.6		19.10			
甲铵泵进液	36.21		28.16		34.53		0.83	0.27
精馏塔出液	0.56		1.11		30.27		67.66	0.4
循环液位槽气相			7.59		3.18	89.23 惰气		
闪蒸槽出液	0.15		0.02		25.82		73.57	0.44
一段蒸发出液	0.03		0.02		4.95		94.25	0.75
一段蒸发出气	0.74		1.12		97.82	0.05A	0.27	
二段蒸发出液					0.5		98.5	1
二蒸出气	3.06		6.74		85.97	0.31A	3.92	
升压器出气	1.00		2.21		95.41	0.10A	1.28	
低压吸收塔进液	3.15		5.22		90.27		1.36	
低吸塔出液	3.12		6.74		88.82		1.32	
惰气放空筒下液	3.15		5.22		90.27		1.36	
吸收塔下液	3.15		5.22		90.27		1.36	
闪蒸冷凝器下液	5.1		13.6		81.3			
一蒸冷下液	1.8		1		96.3		0.9	
第一解吸塔出液	0.19		0.92		98.1		0.88	
水解器出液	0.33		1.13		98.53			
第二解吸塔出液					100			
回流冷凝器下液	21.31		29.33		49.14			

物料名称	组分含量/%							
	CO_2	N_2	NH_3	H_2	H_2O	O_2	Ur	Bi
解吸塔出气	9.78		35.10		56.12			
水解器出气	10		6.0		84			
吸收塔放空气			6.09		2.54	91.37 惰气		
中压分解塔气相	48.6	0.78	45.4		5.06	0.119		
中压分解塔液相	6.45		5.00		27.96		60.37	0.22
中压液位槽气相	34.9	15.26	44.6		2.93	2.31		
中压液位槽液相	41.84		36.38		21.72		0.05	

五、岗位设备基础知识

（1）岗位设备安全知识

1）尿素生产对原料氨、二氧化碳质量的要求及不达标的危害。

① 液氨中氨含量不低于99.8%（质），在进入氨泵前要有静压头，或过冷10℃，液氨中惰气含量要低，从而要提高合成塔转化率。液氨中含油量<15×10^{-6}，过度污染换热表面，降低汽提效率。

② 二氧化碳中纯度大于等于98.5%（干基体积），不参与尿素反应惰气≤1.5%（体积），硫化物≤2mg/Nm^2，若硫化物高会对高压设备有强烈腐蚀性，汽提法含氢量<0.2%。

③ 生产尿素时加入双氧水的原因及加入量的控制，生产中加入双氧水的原因是防止设备腐蚀，使不锈钢设备表面形成钝化膜，生成钝化膜3大条件：

a. 气相要有一定的氧分压。

b. 金属表面要保持湿润，可以使氧溶解在其中。

c. 一定的温度也有利于钝化反应并能形成比较致密的氧化膜，在温度100℃上才能起到钝化作用。

2）在三台高压设备中，汽提塔双氧水加入量为总量的50%，85L/h，高压甲氨冷凝器加入量为总量的30%，45L/h，高压甲氨洗涤器加入量为总流量的20%，15L/h。

3）高压圈原始开车要升温钝化及升压的原因。

升温钝化是要在高压设备表面上形成一种钝化膜，可以防止甲铵液、氨对设备腐蚀，升温到100℃时设备表面能形成一种致密的氧化膜，其次长期停车后升温到130~150℃有利于提高合成转化率，在生成尿素的最低温度160℃条件下。

甲铵的离解压力大约为 $80 \times 10^3 Pa$，为了生成的甲铵不至离解，使反应向甲铵脱水生成尿素方向进行，因此要将压力提至 $80 \times 10^3 Pa$。

4）注意事项：

① 升温时要保持升温速率，严格控制在 $10 \sim 12\,^\circ\!C/h$。

② 防止冷凝液积存。

③ 控制好升压速率。

④ 要有氧含量，蒸汽压力不能高于空气压力。

⑤ 要保证蒸汽在每一个部位都有冷凝。T002-6>T002-9>T002-8，进汽提塔 CO_2 温度>出气体塔气相温度>出高压甲铵冷凝器液相温度。

5）合成塔衬里易变形的原因及防止。

最易引起衬里变形的因素是温度剧烈变化，因不锈钢与碳钢膨胀系数不同，在温度升温过快时易产生热应力。

防止方法：

① 合成塔投料前预热升温，升温速度要缓慢每小时不超过 $12\,^\circ\!C$。

② 投料时壁温应不低于 $125\,^\circ\!C$，确保投料后内外温差不超过 $50\,^\circ\!C$。

③ 热态下的合成塔不允许用温度比壁温低很多的水冲洗。

④ 合成塔长期停车用蒸汽置换后，在自然冷却过程中，应打开放空阀，防止蒸汽冷凝，形成负压。

⑤ 当合成塔压力升到 $8.0MPa$ 时开检漏蒸汽。

6）合成塔的衬里泄漏的检查方法。

① 吹蒸汽法：在每段相隔 $180\,^\circ\!C$ 的两个检漏孔中，通入蒸汽，一孔引出，然后使之冷凝，做其中氨含量，若有 NH_3 说明有泄漏。

② 观察法：检漏孔反接短管引出，当衬里泄漏时检漏孔处有 NH_3 味或有碳铵盐，或尿素的结晶。

7）减轻高压圈封塔期间的腐蚀的方法。

封塔期间，合成系统不再有氧气补入，液相中原来溶解的氧随条件的改变有可能逸出，因而系统易引起低氧腐蚀。封塔后再开车时尿液中 Ni 含量会明显升高。实际上封塔时间不过长是可以避免腐蚀率增加的。水溶液全循环法，在封塔停车时，尽可能保持合成塔在较高压力下，以避免液相中溶解氧过快逸出。CO_2 汽提法，封塔停车后，降低系统压力到 $8.0MPa$ 再保压，由于系统压力和温度的降低，合成液的腐蚀也会减少。

8）系统引氨时的注意事项。

引氨时应缓慢开启界区大阀，在两大泵的进口管上倒淋排气，在引氨前要排净系统管上的水。

9）防止四台高压设备泄漏的措施。

1）控制好合成塔温度压力，严禁超温超压。

2）做好对合成塔的定期检查。

3）CO_2 中加入适量空气，起钝化不锈钢衬里作用，防止腐蚀。

（2）系统应采取紧急停车的情况及注意事项

系统需采取紧急停车处理情况有：系统断水、断仪表空气、合成塔压力突升，两大泵跳车后合成塔液封破、供电系统发生故障断电、系统发生爆炸、火灾都要采取紧急停车处理，大量氨、甲铵液泄漏，断二氧化碳，系统断蒸汽。

1）紧急停车注意事项应根据不同的情况采取不同的措施。

2）如果系统断水，除按停车的步骤外应该密切注意高低调水温度，因断水后高调水冷却器无水冷却，高压洗涤器内的氨和二氧化碳得不到冷凝，高压系统将会超压。

3）如果断仪表空气，应考虑调节阀的调节形式不同，而立即关调节阀的前后截止阀。如果是气关阀就不需要马上关调节阀的前后截止阀，是气开阀，停车后就应该立即关调节阀的前后截止阀。另外断仪表空气后，总控室的所有流量、液位、压力都没显示，这是要根据实际情况处理。

4）如果系统发生爆炸和火灾时，紧急停车后应切断液氨的来源，防止事故蔓延。

5）无论是正常停还是紧急停车，都要注意低压循环系统的稀释和各物料管道的置换，防止结晶堵塞管道。

6）系统短停保温保压时，一定要稀释好循环系统。不论什么原因造成系统长停或短停，在停车的过程中都要注意下面的几个问题：

① 停车后设备管道是否堵塞：

② 停车后合成塔是否会损坏和发生衬里腐蚀。

③ 系统是否会发生局部超压和超温。

④ 停车后氨和 CO_2 的降压是否会冻坏有关设备。

⑤ 各排放阀是否关闭，防止造成浪费和污染环境。

⑥ 各处冷却水是否关闭或关小，防止冷却水的浪费。

⑦ 防止高压系统放空爆炸的措施。

⑧ 正常操作时，高压圈放空要保持一定开度，防止爆炸气积存，控制 T002-4 温度不低于 155℃，高调水温度不要过低，防止高压洗涤器过度冷凝，降低气相中 NH_3 含量，从而使爆炸气进入爆炸范围。

⑨ 停车封塔期间，要防止高压放空阀关死，防止爆炸气积存。

（3）主要生产设备

尿素合成工艺中使用的主要生产设备有：

1）高压系统：汽提塔、合成塔、高压甲铵冷凝器、高压洗涤器等。

① 汽提塔。尿素汽提塔作为汽提剂来加热分解尿素合成后的未反应物的塔设备．在二氧化碳汽提流程和氨汽提流程的合成尿素生产中，都设置汽提塔，分别用二氧化碳气体和氨气作汽提剂。常见尿素汽提塔结构如图 4-16 所示。

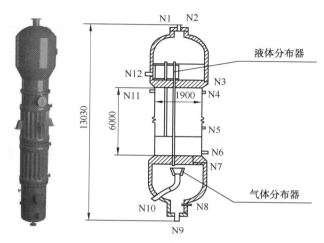

图 4-16　常用汽提塔结构示意图

② 尿素合成塔。氨和二氧化碳在高压、高温下进行尿素合成的设备。主要是以衬里式合成塔多为立式，由高压筒体、封头、底盖。衬里层以及内件等组成。高压筒体由高强度碳钢制成，结构多采用层板包扎式和热套式，小型厂还有夹川单层厚钢板的。衬里材料采用各种铬镍不锈钢以及钛、锆、担等材料，其中3t4L 不锈钢较常用。衬里式合成塔的高径比较大。

③ 高压甲铵冷凝器。液氨和二氧化碳在高压甲铵冷凝器的列管内冷凝，反应生成甲铵，反应放出的热量加热管外的水产生低压蒸汽，甲铵的冷凝程度由汽包压来控制，冷凝程度约为 80%，冷凝的液体和未冷凝的气体从高压甲铵冷凝器下部各自的管子流入合成塔。

2）中压系统：中压分解塔、中压甲铵冷凝器、真空预浓缩换热器等。

3）低压系统：精馏塔、低压甲铵冷凝器、低压吸收塔、常压吸收塔等。

4）蒸发造粒系统：真空预浓缩分离器、尿液槽、一段蒸发器及加热器、二段蒸发器及加热器、造粒塔(造粒机)等。

5）解吸水解系统：水解塔、解吸塔等。

第五节　NPK 氢钾岗位

一、岗位职责

NPK 氢钾岗位是氮、磷、钾生产的归口管理部门，车间主任负责本规程执行的监督和管理，氮、磷、钾生产的各操作工负责本规程的具体执行。规范氢钾岗位生产操作程序，明确员工的日常工作内容，保证岗位生产正常稳定有序进行。

（1）转化岗位职责

1）本岗位的浓硫酸、氯化氢气体、热氢钾溶液、混酸、磷酸都是化学危险品，接触人体后会造成腐蚀烧伤，要特别注意做好自我防护工作。若溅到身体上应立即用大量清水冲洗后到医院治疗（浓硫酸应先擦净残酸后再冲洗）。

2）生产工艺、设备出现问题要及时处理并向班长、车间汇报，必要时可先紧急停车后汇报，避免故障扩大化。

3）清理溢流口、取混酸样时要注意防止被混酸或蒸汽及其管道烫伤。

4）反应槽上的人孔盖板必须盖好，查看反应槽内状况时人身体要保持可靠姿态，防止人员坠落入反应槽内造成身亡。

5）反应槽正压冒氯化氢时必须紧急停止投料，人员撤离到上风口，防止造成人员中毒。

6）要注意不得碰撞本岗位浓硫酸铸铁管、非金属管以及其他工艺管道，开关阀门时要力度适当，防止损坏造成介质泄漏。

7）做卫生或检查运转设备时，身体任何部位必须远离设备的转动部件防止造成机械伤害。

8）巡检时行走、上下楼要扶好栏杆防止摔倒，防止被跑冒滴漏的酸性介质伤害。

9）上班时的一切行为都要以"安全第一"为宗旨，杜绝"三违"，做到"四不伤害"。

（2）吸收岗位专业管理要求

1）本岗位的氯化氢气体、盐酸都是危险化学品，接触人体后会造成腐蚀烧伤，要特别注意做好自我防护工作。若溅到身体上应立即用大量清水冲洗后到医院治疗。

2）生产工艺、设备出现问题要及时处理并向班长汇报，必要时可紧急停车，避免故障扩大化。

3）石墨吸收器断水后加水时要待温度降低至与进水温度相近后再缓慢进水，防止因石墨管温度骤变而破裂。

4）做盐酸比重酸样时要注意防止盐酸腐蚀。

5）系统冒氯化氢、漏盐酸时人员应撤离到上风口，防止造成人员中毒或酸腐蚀。

6）要注意不得碰撞本岗位工艺管道，开关阀门时要力度适当，防止损坏造成介质泄漏。

7）做卫生或检查运转设备时，身体任何部位必须远离设备的转动部件防止造成机械伤害。

8）巡检时行走、上下楼要防止摔倒，防止被跑冒滴漏的酸性介质伤害。

上班时的一切行为都要以"安全第一"为宗旨，杜绝"三违"，做到"四不伤害"。

（3）输酸岗位专业管理要求

1）输酸和酸洗时，注意各阀门调节，防止误打启后熬煮液进入陈化槽。

2）操作过程中落实好相关岗位的联系工作，避免误开启设备伤人。

3）向 1#、2# 复合肥输酸时搞好岗位之间的联系，避免输酸量大，停泵不及时，磷酸库漫液。

4）每次配酸和输酸前，认真落实检查各阀门是否处于正常开启关闭状态，平时多观察配酸，输酸流量变化，如发现输酸量变小，及时联系车间组织清洗管道。

5）本岗位的危险介质为浓硫酸、稀硫酸、磷酸，作业人员必须佩戴好防酸防护用品。检查卧式酸槽时还要戴好防酸雾的面具。

6）本岗位存在平台、梯子等不规范、不通畅的地方。巡检作业时，要用心观察仔细，注意自我保护，防止碰撞、跌倒等伤害。

（4）灌装岗位专业管理要求

1）灌装人员必须经过安全教育培训，全面掌握盐酸性质，考核合格取得《安全作业证》方可上岗操作。

2）劳保着装，在输（灌）盐酸、开启泵及阀门、取样、排管内余酸或协助检修输管设备时必须严格佩戴相应的防酸用品（防酸手套、防酸镜、防酸鞋等），防止盐酸溅出伤到眼部及皮肤。

3）灌装前须进行仔细检查：槽车定期检验的期限是否超过、槽车有无损坏或漏点、罐体车辆之间的固定装置是否牢固、司机或押车员是否有有效证件（易制毒品备案证明等），灌装车辆必须熄火，电门钥匙必须抽出，否则不予灌装。

4）灌装前应将吸收风机抽气管道及输酸软管插入灌装口，并用塑料绳固定牢靠，开启吸收风机后，方可开始灌盐酸。

5）灌装时，盐酸应从容器上部注入，开启阀门应缓慢进行，且流速应小于0.5m/s，灌装过程中作业人员应坚守岗位，不得离开岗位。

6）灌装全步骤应由灌装工完成严禁交由他人代作业。

7）灌装过程中，如发现阀门、管道或罐体等泄漏应立即停止灌装，并用大量清水冲洗罐体及地面，并及时与车间联系。

8）盐酸灌装量不得超过槽罐额定充装量。

9）灌装完毕应关死其进口阀，将罐体上部进口人孔门盲严，并对罐体进行全面检查无误方可。

10）车辆在行驶过程中严禁攀爬或灌装，槽车顶部作业时应与司机保持联系，落实脚步防滑措施，防坠落伤人。

11）停止灌装后应确保输出软管内无残留盐酸，并将软管固定完好。

12）灌装车辆熄火后电门钥匙应拨出灌装时钥匙由灌装工保管。

13）禁止攀爬或翻越工作场地栏杆。

14）充装工每天必须对全部输酸管道进行一次全面巡检，有异常时及时报告联系处理。

15）盐酸库顶各预留孔洞禁止封死。

16）库底各取样阀不用时及灌装平台处充装阀门不充装时均应及时上锁。

二、岗位任务

1）转化岗位任务：制备合格混酸供中和岗位生产。

2）吸收岗位任务：吸收副产氯化氢气体生产 31%～33% 浓盐酸。

3）盐酸解析岗位任务：将浓盐酸中部分氯化氢经加热解析出纯度≥99.5%（体）的干燥 HCl 气体，供后工段用户使用。

4）输酸岗位任务：按照实时生产要求给定的比例，用两套系统的稀磷酸进行混配后，输往 1#、2#NPK 装置；输酸管道堵塞倒换后，用稀硫酸熬煮清洗。

5）盐酸灌装岗位任务：负责盐酸的出库灌装操作，巡检盐酸库的成品盐酸质量、颜色合格达标，保证盐酸出库质量合格。每天对成品库盐酸取样（供质检分析）、巡检各成品盐酸库液位。通过现场巡视监视仪表的运行状况和所有设备的电流变化情况，观察主要塔槽的液位变化，协调与吸收岗、车间分管人员联系，负责与盐酸销售人员联系以及传达相关指令等，保证岗位生产正常稳定有序进行。

6）岗位管辖范围：

① 转化岗位管辖范围：氯化钾投料系统输送设备，硫酸泵及管道，反应槽、

小混酸槽、泵及输送混酸入大混酸槽的管道（至中和尾洗的磷酸管道以入大混酸槽的混酸管为界）；

② 吸收岗位管辖范围：盐酸吸收工序设备及附属循环水系统设备，产酸管道与过滤设备，盐酸 A、B、C 库（盐酸库由吸收岗位、充装岗位共管）；

③ 盐酸解析岗位管辖范围：盐酸解析工序设备及附属管道；

④ 输酸岗位管辖范围：

a. 磷酸库（1#NPK、1#、2#库、陈化槽）（2#NPK、3#、4#库）、磷酸泵及其附属管道，2#磷酸往陈化槽的管道（以盐酸库东侧为界至陈化槽）；

b. 陈化槽、陈化槽输酸泵、陈化槽输往复合肥车间 1#、2#、3#、4#稀磷酸槽的管道（其中输往 2#NPK 的管道以综合楼东侧山洪沟为界，山洪沟东侧归辖 1#NPK 管理，西侧归辖 2#NPK 管理）；

c. 卧式酸槽及附属配稀硫酸管道、石墨加热器、清洗酸循环泵、清洗回酸管道（按 b 划界管理）；

⑤ 盐酸灌装岗位管辖范围：

a. 老盐酸库区处于 1#复合肥氢钾岗位西北角，盐酸贮罐共计 3 个，分别由西向东为 A、B、C 库，其中 A、B 库为精盐酸库，C 库为粗盐酸库，罐体容积均为 400m³；三个酸库所分属输酸泵及其进出管道及附属设施，库区及充装处管道及阀门；充装处抽风机等设施。

b. 新盐酸库区处于磷肥厂新厂区南大门北侧，盐酸贮罐共计 3 个，分别由南向北为 1#、2#、3#库，其中 1#库罐体容积 3000m³ 为粗盐酸库，2#、3#库容积均为 5000m³ 为精盐酸库。三个酸库所分属输酸泵及其进出管道及附属设施，库区及充装处管道及阀门，库区抽风机等设施。

c. 老盐酸库区至新盐酸库区转库输酸管，新、老盐酸库下河装船输酸管道及阀门，化储囤船充装处管道及阀门。

三、工艺流程简述

（1）转化岗位

来自硫酸管网的硫酸经电磁流量计计量后进入反应槽一区，同时氯化钾按时间计吨后投入斗提机送至电子皮带记量按时间均匀下料至螺旋输送机进入反应槽一区。浓硫酸和氯化钾在一区反应一段时间后从底流孔流至二区进一步反应，生成硫酸氢钾料浆溢流至小混酸槽与来自磷酸库的磷酸经计量后配制成混酸输送至中和岗位（氯化钾、硫酸、磷酸全部按配方计量加入）。

硫酸与氯化钾反应生的氯化氢气体抽入氯化氢吸收工序处理。

化学反应方程式：$KCl + H_2SO_4 \Longrightarrow KHSO_4 + HCl \uparrow$

（2）吸收岗位

来自转化岗位的氯化氢气体经过石墨冷却器管程被管外循环水移热冷却，同时由粗酸泵循环粗盐酸在管程内并流洗涤气体，冷凝出含杂质浓度在35%左右的粗盐酸，由粗酸循环槽产出。后由氯化氢风机送到三个并联降膜吸收器在其列管内与精酸泵循环的盐酸并流吸收将其浓度提到31%~33%，合格的精盐酸由精酸循环槽产出，其吸收热被管外管程循环水移走。未吸收尽的气体依次进入一、二、三洗填料塔与循环稀盐酸逆流进行气液传质吸收后，少量的气体经碱液吸收塔由稀碱液中和吸收后放空。在三洗塔加一次水依次由三、二、一塔逐级提高浓度后溢流至降膜吸收器循环槽，分别由各自的循环泵循环盐酸洗涤。石墨冷却器、降膜吸收器产生的吸收热，由循环水流过其壳程移热后经水泵送至凉水塔降温后回至水池，再由水池位差流入石墨冷却器与降膜吸收器。

（3）盐酸解析岗位

浓盐酸自浓酸贮槽用解析塔进料泵向解析塔提供浓酸（31%精盐酸），泵出口用流量计控制一定流量，解析塔靠塔底再沸器用蒸汽加热，塔顶靠自然冷却做为部分回流，填料层相当于精馏塔板，在填料段进行逐层传质传热交换过程，塔顶精馏出纯度≥99%的氯化氢气体，塔底排出20%~22%恒沸酸。塔顶氯化氢气体经塔顶氯化氢一级冷却器冷却至低温及除雾器除去酸滴后，送往用户作为原料气。塔底的恒沸酸经浓酸预热器和稀酸冷却器冷却至室温后回流到精盐酸中间槽增浓后循环使用。

（4）输酸岗位

来自磷酸车间2#系统的稀、浓磷酸，分别经管道输送进入陈化槽。按照实时生产要求的比例，稀、浓磷酸在陈化槽分别按液位计量混配。混配好后的稀磷酸经输酸管道输送至1#NPK和2#NPK生产线的1#、2#、3#、4#稀磷酸槽。

输酸管道经使用一段时间后，因磷酸中产生的沉淀结垢物引起流量下降至许可最低流量时，倒换备用管道。倒换下来的管道用稀硫酸熬煮清洗。

在卧式槽内配制熬煮液（稀硫酸）。稀硫酸质量百分比浓度为5.5%~7%（分析化验浓度以SO_3计为0.045~0.057g/mL）。熬煮液经清洗泵进入石墨加热器，用低压蒸汽升温后，再进入被清洗的输酸管道至终端，经清洗专用返回管路，返回至卧式槽。维持熬煮液温度在65~70℃之间，稀硫酸与沉淀结垢物生成可溶性硫酸盐被带走，从而达到清洗疏通管道的目的。如此循环直至清洗合格。

（5）盐酸灌装岗位

老盐酸库的盐酸经管道转至新盐酸库储存，根据销售安排将合格的盐酸经流量计计量后输至灌装车辆或趸船船舶。

四、工艺指标

NPK 氢钾岗位工艺指标如表 4-14 所示。

表 4-14　NPK 氢钾岗位工艺指标

岗位			
转化吸收	反应温度 120~150℃	风机进口温度≤80℃	一吸塔进口温度≤65℃
	混酸比重 1.43~1.55	降膜吸收器进水压力<0.3MPa	精粗酸循环槽液位 20%~40%之间
	回水温度<40℃		
盐酸解析	解析塔塔釜温度 110~120℃（根据盐酸浓度调整）	解析塔塔底液位液位计范围的 30~50%处	解析塔塔顶温度 70~95℃
	解析塔排酸浓度 20%~22%	解析塔塔顶操作压力 30~70kPa	再沸器进口蒸汽压力小于 0.3MPa
输酸	稀硫酸浓度 5.5%~7%（分析化验浓度以 SO_3 计为 0.045~0.057g/mL）	陈化槽液位 3.2~7.5m	1#、2#、3#、4#稀磷酸库液位≤7.5m
	石墨加热器管程出口压力≤0.3MPa	石墨加热器壳程蒸汽压力≤0.5MPa	熬煮时稀硫酸温度 70~75℃

五、岗位设备基础知识

（1）转化岗位设备

1）运转设备。

转化岗位运转设备如表 4-15 所示。

表 4-15　转化岗位运转设备一览表

设备名称	规格型号	数量	配套电机		
			规格型号	功率/kW	转速/(r/min)
KCl 斗式提升机	TH250×11050Zh	1	Y2-132S-4	5.5	1480
KCl 螺旋输送机	LS315	1	Y2-112M-4	4	1450
KCl 圆盘给料机	PK10	1	Y100L2-4	3	1450
混酸槽泵	150FUH-26-60/35-C₃	2	Y200L-4	30	1450
浓硫酸液下泵	LSB15-20	1	Y132M-4	7.5	1450
KCl 转化槽搅拌浆	HKT1300	2		15	

设备名称	规格型号	数量	配套电机		
			规格型号	功率/kW	转速/(r/min)
混酸槽搅拌浆	LZT1800	1	Y132M-4	7.5	1450
磷酸槽搅拌器		2		11	
HCl吸收尾气风机	ZH-11NO9.2C	2	Y180L-4	22	1450

2）静止设备。

转化岗位静止设备如表4-16所示。

表4-16 转化岗位静止设备一览表

设备名称	尺寸或型号	数量
磷酸贮槽	Φ8000×8000	2
氯化钾转化槽	2700×2700×2700	1
小混酸槽	Φ4000×2100	1

（2）吸收岗位设备

1）运转设备。

吸收岗位运转设备如表4-17所示。

表4-17 吸收岗位运转设备一览表

设备名称	规格型号	数量	配套电机		
			规格型号	功率/kW	转速/(r/min)
粗盐酸中间泵	80FUH-35-60/30-C3	1	Y160M$_2$-2	15	2900
盐酸中间循环泵		3			
1~3#循环泵	80FUH-35-60/30-k	3			
成品盐酸泵	80FUH-35-60	3			
地槽泵	50FYUB-25-1250	1	132S2-2	7.5	1450

2）静止设备。

吸收岗位静止设备如表4-18所示。

表4-18 吸收岗位静止设备一览表

设备名称	尺寸或型号	数量
粗盐酸中间槽	φ2200×2300	1
盐酸中间槽	φ2200×1900	1

续表

设备名称	尺寸或型号	数量
吸收塔	φ1600×10800	3
成品盐酸贮槽	φ8000×9250	3
HCl 气体冷却器	GHA1100−210	1
吸收器	GX800−80	3
吸收液循环冷却器	GHA55−40	1
吸收液循环冷却器	GHA80−40	1

（3）盐酸解析岗位设备

1）主要设备配置及主要用途：

① 盐酸解析塔：石墨制填料塔，内装石墨或陶瓷填料，是浓盐酸溶液解析的主要蒸馏设备；

② 塔底再沸器：圆块孔式石墨换热器，是盐酸解析塔完成蒸馏操作必不可少的加热设备；

③ 浓酸预热器：全石墨制圆块孔式石墨换热器，用出解吸塔的稀盐酸给进解析塔的浓盐酸预热，综合利用部分热量；

④ 稀酸冷却器：圆块孔式石墨换热器，将解吸塔底排出的热的恒沸酸冷却至常温，以便其他用途；

⑤ 氯化氢一级冷却器：圆块孔式石墨换热器，下封头为汽液分离器，用以将解吸塔顶 70~80℃ 左右的氯化氢气体冷却，脱除大部分水分。

2）盐酸解析操作要点。

根据塔釜液位、塔釜温度、进酸量及塔顶温度、压力及时调节塔釜蒸汽阀的开度，保证塔釜温度稳定在 110~120℃，塔顶温度不超过 95℃。根据塔釜液位及进酸量调节稀盐酸回流自控阀门的开度，保证塔釜液位的相对稳定。

（4）输酸岗位设备

1）运转设备。

输酸岗位运转设备如表 4-19 所示。

表 4-19　输酸岗位运转设备一览表

设备名称	规格型号	数量	配套电机	
			功率/kW	转速/(r/min)
输酸泵 A	LCF100/320I	1	30	
输酸泵 B	LCF150/300I	1	55	1480
清洗循环泵	LCF100/320I	1	30	

2）静止设备。

输酸岗位静止设备如表 4-20 所示。

表 4-20　输酸岗位静止设备一览表

设 备 名 称	尺寸或型号	数 量
石墨加热器	YKB-100m^2 壳程压力 0.5MPa 管程压力 0.3MPa	1
卧式酸槽	ϕ4000×9000	1
输酸管道	DN150 钢骨架 PE 管	2
清洗回酸管	DN125 钢骨架 PE 管	2

3）输酸操作要点。

① 由氢钾副操联系好磷酸车间向陈化槽中输酸。按照实时配酸比例要求，控制液位，做好配酸工作。

② 在输酸前、后氢钾副操要与用酸岗位做好联系工作。核对、控制好输送量、液位、时间等内容。

③ 氢钾副操要做好输酸记录，关注输酸流量的变化，流量下降明显时，应及时上报车间。安排备用管道倒换。并做好相应阀门的开、关事宜。

④ 氢钾副操管理管道的熬煮酸洗。按 5.5%~7% 质量浓度要求配制稀硫酸，控制石墨加热器稀硫酸的温度在 65~70℃ 范围内。

⑤ 输酸、熬煮酸洗过程中氢钾副操要按频率做好辖区内巡检工作，检查管道有无漏点等异常。

（5）灌装岗位设备。

1）灌装岗位设备。

灌装岗位设备如表 4-21 所示：

表 4-21　灌装岗位设备一览表

设 备 名 称	尺寸或型号	数 量
盐酸库	400m^3	3
盐酸库	3000m^3	1
盐酸库	5000m^3	2

2）灌装操作要点。

① 仔细检查本岗位所属设备管道、阀门、吸收风机、固定输酸管绳索是否完好；输酸管卡是否卡牢或有腐蚀松动等。新盐酸库用泵输酸前应关闭自流输酸

管进口阀门。

② 检查槽罐外壁有无破损、渗漏等，槽罐是否适用于盐酸介质；罐体车辆；外观是否牢固；检查司机或押运员是否持有效证件，以及相关准运证件。

③ 检查盐酸贮罐内液位是否符合要求，液位计是否完好。液位低于 0.8m 时禁止输盐酸(防止泵抽空或将漂浮油输出影响质量)。

④ 严格控制外售成品盐酸质量，发现质量异常应及时向车间反映。

⑤ 输酸泵及吸收风机手动盘车 2~3 圈，要求盘车灵活。

（6）异常情况处理

1）转化岗位异常情况。

转化岗位异常情况、原因分析及处理方法一览表如表 4-22 所示。

表 4-22　转化岗位异常情况、原因分析及处理方法一览表

异常情况	原因分析	处理方法
反应槽溢气冒正压	吸收风机故障	倒换备用风机
	气相管堵塞	停车清理气相管
	备用风机阀未关严	关严备用风机阀门
	盐酸循环槽液位高、液封	停止加水及时打酸降低液位
	石墨换热器列管堵塞	停车清理换热器列管
	加料量过大过急	减小投料量
反应槽搅拌浆电流陡升	反应槽温度低，料浆变稠结晶	提高反应槽温度
	加热汽管坏蒸汽未加入料浆中	停车更换蒸汽加热管
	硫酸量少，料浆变稠结晶	向槽内补硫酸，提高硫酸配比
	减速机故障	检修、更换减速机
反应槽搅拌浆电流陡降	硫酸过多引起槽内料浆变稀	减小硫酸配比，可适当多投钾
	蒸汽带水引起槽内料浆变稀	联系蒸汽管网调节蒸汽质量
	搅拌浆腐蚀，叶片变小	停车更换搅拌浆
	减速机内轴断	检修或更换减速成机
反应槽温度降低难提	蒸汽出现问题温度低	联系管网调节蒸汽品质
	槽内生钾沉积造成相对过剩反应不好	向槽内适当多补硫酸
	硫酸浓度低	更换硫酸
养份不稳	磷酸浓度不稳，杂质含量不稳	联系稳定磷酸浓度
	转化槽溢流波动大	找出溢流波动大的原因予消除
	计量不准配比失调	校准计量问题

异 常 情 况	原 因 分 析	处 理 方 法
氯根偏高	反应温度低	提高反应温度
	投料量过大	减小投料量
	硫酸浓度低、配比低	换硫酸或提高硫酸配比
	氯化钾太潮湿或反应活性差	换氯化钾
小混酸槽液位打不低	混酸泵变频低	提高混酸泵变频
	泵及进出口管道结垢堵塞	停车清理泵及管道或倒换
	混酸泵故障	倒泵

2）吸收岗位异常情况。

吸收岗位异常情况、原因分析及处理方法一览表如表 4-23 所示。

表 4-23　吸收岗位异常情况、原因分析及处理方法一览表

异 常 情 况	原 因 分 析	处 理 方 法
尾气较大	循环泵上酸量不足	查找管道原因处理或修泵
	吸收器、塔分酸不均	停车处理塔分酸问题
	吸收酸浓控制过高	降低酸浓
	反应槽蒸汽用量过大	减小反应槽蒸汽用量
氯根偏高	反应温度低	提高反应温度
	投料量过大	减小投料量
	硫酸浓度低、配比低	换硫酸或提高硫酸配比
	氯化钾太潮湿或反应活性差	换氯化钾
小混酸槽液位打不低	混酸泵变频低	提高混酸泵变频
	泵及进出口管道结垢堵塞	停车清理泵及管道或倒换
	混酸泵故障	倒泵

3）盐酸解析岗位异常情况。

盐酸解析岗位异常情况、原因分析及处理方法一览表如表 4-24 所示。

表 4-24　盐酸解析岗位异常情况、原因分析及处理方法一览表

异 常 情 况	原 因 分 析	处 理 方 法
解吸塔塔顶温度偏高	再沸器加热蒸汽量太大	减少再沸器蒸汽加入量
	解析塔加入浓酸量小	增大浓盐酸进料量
	解析塔加入的酸浓度低	提高加入的盐酸浓度

异常情况	原因分析	处理方法
解吸塔塔顶温度突然升高，而系统压力突然下降	因加热温度太高，液体在解析塔塔内产生液泛（淹塔）	减少蒸汽加入量
		减少浓酸加入量同时调节排酸量至正常
再沸器顶部温度高	再沸器加入的蒸汽量太大	同时调节进酸量和加热蒸汽量至正常
解吸塔塔釜液面上涨	解析塔进酸、排酸不平衡	调整至平衡
	加入的浓盐酸浓度低	提高进酸浓度
	稀盐酸冷却器堵塞	清理稀酸冷却器
解吸塔塔釜液面下降	解析塔进酸、排酸不平衡	调整至平衡
	加入的浓盐酸浓度高	适当调整进酸浓度
出解吸塔稀酸浓度高	加热蒸汽压力低	提高蒸汽压力
	加浓酸量大	调整进酸量
解吸塔塔顶冷凝酸量大	解析塔塔顶温度偏高	适当降低塔顶温度
	塔顶氯化氢冷凝器漏	检修泄漏的冷凝器
再沸器夹套内有水锤音	再沸器内冷凝水太多	做好再沸器和蒸汽管道的保温
	疏水阀坏或冷凝水排放不通畅	减少冷凝水量 检修疏水阀或疏水管路
再沸器加入的蒸汽大但解析塔温度和压力却上不来	再沸器壳程有空气	打开再沸器夹套顶部排气
	再沸器管程堵塞	阀放净空气
再沸器或冷却器冷却水中含酸	设备块孔串漏	检修泄漏的设备
氯化氢压力波动	输送管道中冷凝酸多	排放管路中的冷凝酸
	进塔浓盐酸流量不稳	检查酸泵，调稳上酸量
	加热蒸汽压力波动大	调整蒸汽压力至稳定

4）输酸岗位异常情况。

输酸岗位异常情况、原因分析及处理方法一览表如表 4-25 所示。

表 4-25　输酸岗位异常情况、原因分析及处理方法一览表

异常情况	原因分析	处理方法
泵电流走低	管道结垢管经变小	检查核对输送流量，倒换备用管道
	泵本身故障	维修工检查泵及维修
	异物堵塞泵或管道	检查泵或管道，并处理

续表

异常情况	原因分析	处理方法
管道、法兰漏	管道冷缩、螺栓松动	紧固螺栓
	法兰垫老化	更换法兰垫片
	焊接缝问题	卸酸，联系专业处理
	后续管道堵塞	减小流量、清洗管道
	管道出口阀门未打开	检查管道出口阀门开闭是否正确
陈化槽液位下降与受酸槽液位上涨不一致	受酸槽倒库阀门未关闭好，漏入非受酸槽	检查核对可能漏入的酸槽的液位，检查关严相应的阀门
	漏入卧式酸槽	检查核对卧式酸槽液位，检查关严相应阀门
	输酸管道大量泄漏	检查管道，倒换备用管道；处理漏点
酸洗时卧式槽液位非正常下降	漏入输酸管道进入磷酸库	检查核对磷酸库液位，检查相应阀门是否关严
	输酸管道大量泄漏	停止清洗，处理管道漏点停止清洗
	卧式酸槽穿孔漏	卸尽槽内余液，处理漏点
	卧式槽排尽阀未关严	检查关严排尽阀
清洗时稀硫酸温度提不起来	蒸汽压力低	联系提高蒸汽压力
	蒸汽进口阀门开度过小	调整蒸汽阀门开度
	石墨加热器疏水出口敞开过大，加热器内蒸汽未憋压	整疏水出口，让加热器内蒸汽维持相应的压力
	石墨加热器疏水出口堵塞，加热器内蒸汽壳程积满冷凝水	疏通出口排出壳程内冷凝水，维持壳程内正常蒸汽压力，保证疏水正常
清洗管道无效果	稀硫酸已消耗，浓度不够	分析稀硫酸浓度，换酸重新配稀硫酸
	清洗时稀硫酸温度过低	适当提高清洗时稀硫酸的温度

（7）开车操作

1）转化岗位开车操作：

① 原始开车前的检查准备（由氢钾主操负责）：

a. 检查各设备、管道、阀门、液位计、人孔门是否完好，阀门开关状态调整到开车需要的状态。

b. 检查电气、仪表是否处于完好状态。

c. 盘车检查各运转设备是否灵活，润滑是否良好，密封是否完好。联系电工送电进行单体试车，检查正反转，调整到所需状态。检查有无跑冒滴漏。

d. 准备好本岗位取样工具，分析仪器及各项记录表。

② 原始开车操作：

a. 转化工序投料前氢钾主操要先与氢钾副操检查确认吸收工序已开车，反应槽具备投料条件。

b. 接到开车指令后氢钾主操先开启浓硫酸泵向反应槽内进硫酸，同时开蒸汽管疏水阀门疏水。待硫酸浸没反应槽搅拌浆第一层叶片及蒸汽加热管口时，开启搅拌浆，开蒸汽加热硫酸。

c. 待反应槽内硫酸温度加热至 80℃ 时，氢钾主操依次开启氯化钾螺旋—电子皮带秤(只开电源，变频在空载试一下后回零位)—斗提机。

d. 氢钾主操按现场生产指挥人员的指令(投料量、配比)通知投料岗位开始投钾，同时开启电子皮带秤变频按时间均匀向槽内投料。向槽内投料后要跟踪好槽内温度与状况，及时反应处理好各种问题。逐渐提高反应温度至正常值。尽量在反应槽溢流以前调平开车投料酸钾比。

e. 反应槽投料以后在溢流以前氢钾副操要开好磷酸库倒库阀门，从预定的酸库内向小混酸槽内进磷酸铺底约 300mm 厚并将混酸频率开启 15%～20%，防止溢流后高温氢钾溶液烫坏小混酸槽防腐层及混酸泵堵塞。

f. 反应槽溢流时氢钾主操要按即定比例(或根据混酸比重)加入磷酸。当小混酸槽液位浸没到搅拌浆时开启小混酸槽搅拌浆。液位达到 60% 时加大混酸泵频率向中和岗位大混酸槽输送混酸。

g. 氢钾主操每半小时观察一次反应槽溢流口待溢流正常(观察溢流物稠度)后，改磷酸临时加入方案为按配比加磷酸(按配比加磷酸后要测混酸相对密度依正常生产经验相对密度作调节)反应槽生产走入正常。反应槽温度提至要求指标后可减小加热蒸汽用量，根据反应槽各区温度情况适当调节阀门控制其在指标范围内。

h. 生产正常时氢钾主操每半小时测一次混酸相对密度，每小时对硫酸、磷酸、氯化钾投入量进行盘库，校验、调平投料偏差。

③ 临时开车操作：

a. 临时停车后开车前氢钾主操要检查准备按照原始开车检查项目全面检查岗位设备运行状况，有问题及时反应班长、车间并联系处理。

b. 蒸汽疏水后开启反应槽加热蒸汽，升反应槽温度至 110℃ 以上时可开始投料。

c. 依次开启氯化钾螺旋—电子皮带秤(只开电源，变频在空载试一下后回零位)—斗提机。通知投料岗位投料。

d. 开启电子皮带秤按时间均匀向槽内投料。同时开启硫酸变频调节向反应槽内按配比加硫酸。

e. 注意反应槽溢流口，溢流时打开磷酸阀门，开启磷酸泵向小混酸槽加磷酸。刚开始溢流量小根据混酸相对密度加磷酸，待溢流量正常后(混酸相对密度与按配比加磷酸的相对密度吻合)将磷酸按配比正常加入。注意把反应槽各区温度提至指标范围内。

④ 转化槽换浆的停车注意事项：

a. 转化槽换浆停车为临时紧急停车，氢钾主操可通知投钾岗位停止投料后直接停电子皮带秤，停止向槽内加酸，关闭反应槽加热蒸汽阀门。

b. 停止投料后待反应槽溢流变小时，逐渐降低二区浆频率增大溢流量，按混酸比重调节加入磷酸。直至二区浆完全停止后，停一区浆。其操作原则是不能在停浆的过程中，因为操作过急造成大量氢钾涌出而溢漫。

c. 降低小混酸槽液位后将混酸泵变频调至 10%让混酸泵转动并 30%磷酸稀释以免泵内结晶。

⑤ 紧急停车的条件：

a. 氯化氢风机跳闸或循环槽液封反应槽冒正压氯化氢泄漏。

b. 石墨吸收器出水温度暴涨。

c. 氯化钾、硫酸、磷酸输送设备中任何一项出现故障不能正常投料加入。

d. 反应槽内结晶干锅或搅拌浆跳闸。

e. 混酸泵故障或管道堵，混酸无法输向中和岗位。

f. 公用管网突然没有蒸汽或一次水。

2) 吸收岗位开车操作。

① 原始开车前的检查准备(由氢钾副操负责)：

a. 检查各设备、管道、阀门、液位计、人孔门是否完好，阀门开关状态调整到开车需要的状态。

b. 检查电气、仪表是否处于完好状态。

c. 盘车检查各运转设备是否灵活，润滑是否良好，密封是否完好。联系电工送电进行单体试车，检查正反转，调整到所需状态。检查有无跑冒滴漏。

d. 准备好本岗位取样工具，分析仪器及各项记录表。

② 原始开车操作：

a. 在接到开车指令后，开启三吸塔的一次水电动阀门向三吸塔加水，依次溢流，当精盐酸循环槽液位达 25%时，开启一、二、三吸塔、三台降膜吸收器各自的循环泵。从精酸循环泵向粗盐酸循环槽进水，控制精、粗酸循环槽液位都在25%～35%时停止向三吸收塔加水，然后开启粗酸循环泵。

b. 开启向循环水池补一次水的闸阀，石墨冷却器、降膜吸收器及循环水泵的进出口阀门，让一次水通过石墨冷却器、降膜吸收器进入循环水泵，再压向高位循环水池。此时应排除水泵内空气开启水泵，加速向池内补水。待池内液位达70%~90%（正常生产时控制的液位）之间时关闭一次水补水阀门，调节石墨冷却器、降膜吸收器的出口阀门分配好各自的水量，排出其壳程靠上花板的空气。开启凉水塔风机。

c. 开启氯化氢吸收风机（以上工作要在反应槽进酸投料以前完成）。

d. 反应槽投料开车后，要根据各石墨冷却器、降膜吸收器的出水温度再次精分配各自的循环水量。

e. 开车后粗盐酸循环槽的液位因为冷凝会上涨，控制好循环槽液位在20%~40%范围内向粗酸库产酸。

f. 精酸循环槽的盐酸密度达到要求后，开启产酸阀门向精酸库产酸，开启三吸塔加水阀门，配合投料量与产酸量向系统加水。正常生产时要求每半小时测一次精酸相对密度，根据情况做好调节。要求控制平稳均匀，盐酸密度波动小。

g. 系统转入正常后向碱液吸收塔补充碱液，开启循环泵，控制 pH 值在 10~13 之间。根据控制 pH 值要求置换吸收液。

③ 临时开车操作。

临时停车后的开车待反应槽投料后开启三吸收塔加水阀门，配合投料量与产酸量向系统加水。开启精酸产酸阀门。正常生产时要求每半小时测一次精酸相对密度，根据情况做好调节。要求控制平稳均匀，盐酸密度波动小。粗酸根据循环槽液位控制产酸。

3）盐酸解析岗位开车操作。

① 开车前的准备工作：

a. 检查输入原料管道是否畅通，输出成品管道是否有漏冒现象。

b. 检查浓酸贮罐的液面。

c. 检查电机仪表阀门是否灵活好用，调节流量阀门必须保证不漏。

d. 检查压力计是否在"0"位，溶液有无变化。

e. 检查所有工具是否齐全好用。

f. 分析盐酸浓度是否在控制点范围之内。

g. 检查蒸汽总阀是否打开。

h. 以上各项工作检查完毕并合格后，和恒友化工相关人员进行联系，准备开车。

② 开车顺序：

a. 打开至盐酸解析工段供酸阀门，调节好精盐酸至盐酸库区阀门。

b. 打开再沸器底部的冷凝水排放阀和冷凝水罐排污阀门，将冷凝水排净后关小冷凝水罐排污阀门。

c. 待解吸塔内酸液面达到液位计范围的 30% 左右时，手动操作全部打开稀盐酸回流自控阀门，再切换到自动联锁状态，自动调节控制塔液位相对稳定在液位计范围的 30%～50% 处。该调节是控制液位的主要调节。

d. 打开再沸器蒸汽阀门，使之慢慢升温至 80℃（约需 10min）。再根据需要适当增加蒸汽量。使温度升至 110～120℃，切记升温速度一定要慢，同时通过冷凝水排放阀检查再沸器夹套内冷凝水情况，避免再沸器存冷凝水过多，产生水锤现象，损坏设备，影响生产。

e. 待解析塔塔顶温度升至 60～70℃，且塔顶压力达到要求时，开氯化氢冷却器出口压力调节阀，送气至 HCl 使用用户。

f. 根据稀酸冷却器出口酸温度调节冷却循环水进出口阀门，保证出口酸温为常温。

g. 根据塔顶氯化氢一级冷却器出口气体温度调节冷却器进口冷却循环水阀门，出口气体温度达到要求指标。

③ 紧急停车操作：

a. 酸浓度太低，不能维持正常开车时；

b. 设备管道突发故障，不能保证正常开车时；

c. 供电系统发生故障，断绝电源的；

d. 供水系统突然断水；

e. 供汽系统突然断汽；

f. 泵坏突然断酸时。

④ 紧急停车步骤。

a. 立即停浓盐酸进料阀门，关泵进口手动阀门；

b. 立即关再沸器蒸汽进口阀门；

c. 立即关稀酸进出口阀门；

d. 其他步骤同正常停车操作。

4）输酸岗位开车操作。

① 配磷酸、输酸操作。

氢钾副操按照陈化槽库量，确定稀磷酸输入液位。按照实时生产比例要求，计算稀、浓磷酸的进液量。联系调度通知磷酸车间分别输入稀、浓磷酸，核定好液位。

② 备用管路倒换、清洗：

a. 当输酸流量明显下降时氢钾副操应及时上报车间。车间根据实际情况安排，输酸管路倒换。

b. 输酸停止。在输酸管终端，调换清洗回酸弯头，启用备用管路，接好入库接管阀门。

c. 陈化槽出口输酸泵进出口阀门的开闭做相应调整。以停止 A 泵管路，启用 B 泵管路为例：关闭 4#、5#阀门，打开 2#、1#阀门，用 1#阀门调节泵出口流量；输酸管路终端则将清洗回酸管弯头与 B 泵管路拆开，连接至 A 泵管路上。

d. 若是停止 B 泵管路，启用 A 泵管路，则是：关闭 2#、6#阀门，打开 4#、3#阀门，用 3#阀门调节泵出口流量；输酸管路终端则将清洗回酸管弯头与 A 泵管路拆开，连接至 B 泵管路上。

e. 在卧式槽配清洗用稀硫酸：氢钾副操检查卧式槽排尽阀门应关闭。先向卧式槽进一次水，进至液位 2m（约 50m³）后停止进水。然后开启进硫酸根部阀，再缓缓开启硫酸调节阀，向卧式槽加入 98%的浓硫酸。按照质量浓度 6.5%计算，约加入总量约 1.88m³。加入硫酸的速度要慢，控制在流量 1.8m³/h 以内，防止加入过快，稀释热过大引起沸腾，从卧式槽顶冒出造成安全事故。

f. 计量 1.88m³ 硫酸加完后取样分析，稀硫酸中的 SO_3 是否在 0.045～0.057g/mL 范围内。根据实际情况做水与酸微调，调整 SO_3 至规定指标范围内。

g. 开启清洗循环泵进、出口阀门，打开被清洗管路输酸泵的进口，进清洗液的阀门。以清洗输酸 B 泵管路为例：应打开 5#阀，关闭 6#阀；若清洗 A 泵管路，则应打开 6#阀，关闭 5#阀。

h. 按照泵的开启规程，启动清洗泵，开始清洗循环。

i. 检查石墨加热器的蒸汽疏水阀门，微微开启约 3/4 圈。微微开启石墨加热器的蒸汽阀门约 3/4 圈，慢慢预热石墨加热器约 15～20min 后再开启 1 圈。观察石墨加热器的稀硫酸出口温度上升情况，根据实际需要配合调节蒸汽阀门及蒸汽疏水阀门。

j. 熬煮清洗到预定的时间，由车间安排检查确认清洗是否合格。合格后停止熬煮清洗。

k. 稀硫酸清洗后，被结垢物的消耗情况由车间检查确认。不能使用时从卧式槽排尽阀，排至磷酸车间地槽。排放前与磷酸车间联系好，严防意外。

5）灌装岗位开车操作。

① 灌装前检查准备工作：

a. 仔细检查本岗位所属设备管道、阀门、吸收风机、固定输酸管绳索是否完好；输酸管卡是否卡牢或有腐蚀松动等。新盐酸库用泵输酸前应关闭自流输酸管进口阀门。

b. 检查槽罐外壁有无破损、渗漏等，槽罐是否适用于盐酸介质；罐体车辆；外观是否牢固；检查司机或押运员是否持有效证件，以及相关准运证件。

c. 检查盐酸贮罐内液位是否符合要求，液位计是否完好。液位低于 0.8m 时禁止输盐酸(防止泵抽空或将漂浮油输出影响质量)。

d. 严格控制外售成品盐酸质量，发现质量异常应及时向车间反映。

e. 输酸泵及吸收风机手动盘车 2~3 圈，要求盘车灵活。

② 灌装开车步骤：

a. 将吸收风管及输酸软管插入槽车顶部灌装口，用物件将间隙处密封好，并将吸收风管及输酸软管用绳索固定牢靠。

b. 开启吸收空塔补水阀后，启动吸收风机，确保风机运转正常。

c. 将灌装平台处阀门及输酸泵出口阀关死，开启泵进口阀门，启动输酸泵，然后缓慢将泵出口阀开满，待泵无异常后方可到灌装现场平台缓慢开启输酸阀门。

(8) 停车操作

1) 转化岗位停车操作。

① 临时停车：

a. 接临时停车指令后，氢钾主操通知投料岗位停止投钾，走空料仓后停止电子皮带秤，停硫酸泵变频停止向槽内加酸，关闭反应槽加热蒸汽阀门。再依开车倒序停斗提机—电子皮带秤—氯化钾螺旋。

b. 停止投料后反应槽溢流会变小，此时应减小磷酸流量根据混酸比重加入磷酸。待完全停止溢流后停磷酸泵变频(短时停车可不停现场电源)，关闭倒库平台上走向小混酸槽的磷酸阀门。

c. 降低小混酸槽液位后将混酸泵变频调至 10% 让混酸泵转动并加 30% 磷酸稀释以免泵内结晶(若是冬天停车 3h 以上，则要关闭小混酸槽出口管夹阀，拆开泵进口管道，将泵体内冲洗干净后复原)；若是要停车清混酸管道、倒泵，则应打空小混酸槽内混酸后，停止混酸泵变频与电源。

d. 临时停车后氢钾主操要密切注意反应槽搅拌浆电流，当电流升高时要观察槽内物料状况，物料变稠则应根据情况向槽内补硫酸，要保证搅拌浆不超过额定电流，防止槽内物料结晶干锅。

e. 长期计划停车：按临时停车方法停车后，打空小混酸槽。清洗干净反应槽，打开小混酸槽人孔清挖结垢物，清混酸泵及管道(具体按车间停车方案与现场安排执行)。

2) 吸收岗位停车操作。

① 临时停车：接临时停车指令，待反应槽停止投料后关闭向三吸收塔加水电动阀门，关闭粗、精酸产酸阀门。

② 长期计划停车：反应槽停止投料后，产低粗酸循环槽与精酸循环槽液位，

继续在三吸塔加水，把系统用清水置换一次。待反应槽完全无氯化氢气体溢出后可停止各循环泵，系统温度降下，石墨冷却器、降膜吸收器出水温度降至环境温度后停止循环水泵与凉水塔。具体工作按车间停车方案执行。

3）盐酸解析岗位停车操作。

在接到有关工段停车的通知后，可以按下列方法操作：

① 在停车前和相关岗位取得联系。

② 停再沸器蒸汽，注意降温要慢。

③ 待再沸器温度冷却到常温，方可停止上酸（如短时间停车，可不停泵，低流量打循环）。

④ 不停酸泵和相关阀门时，调节好稀盐酸回流自控阀门。

⑤ 当温度冷却至常温，再关闭各冷却水阀门。如长时间停车，必须将夹套内的冷却水排放干净，以避免冻坏设备。

⑥ 如长期停车，待再沸器温度冷却到常温后，打开再沸器、预热器、稀酸冷却器等设备底部的放净阀，将酸放净，排放到贮罐。

4）输酸岗位停车操作

氢钾副操按照陈化槽库量，确定稀磷酸输入液位。按照实时生产比例要求，计算稀、浓磷酸的进液量。液位到达既定范围后联系调度通知磷酸车间停输酸泵。

联系复合肥车间 1#、2#NPK 转化岗位，由用酸岗位调整好磷酸库的进酸阀门，本岗位调输酸泵进出口管路上阀门，输完后停泵。

5）灌装岗位停车操作。

① 停止灌装步骤：

a. 将吸收风管及输酸软管插入槽车顶部灌装口，用物件将间隙处密封好，并将吸收风管及输酸软管用防酸绳索固定牢靠；固定输酸软管工作由灌装工负责完成（输酸软管应充分插入槽罐内至少 1m 深）。

b. 启动吸收风机，确保风机运转正常。

c. 充装启泵前阀门开启状态调整：新盐酸库灌装前先将下河输酸阀门关闭，然后将灌装平台上阀门全开，开启泵输酸进口阀门，关闭输酸泵出口阀，启动输酸泵，然后缓慢开启泵出口阀门直至开满，在确认一切正常后才能离开，否则应及时关闭出口阀门停泵（若需减小调节流量用泵出口阀门调节）。

d. 仔细观察槽罐内盐酸液位，当即将达到指定位置时应逐渐将输酸阀关小，到达指定位置时迅速将输酸平台上输酸阀门关死（严格按槽罐规定灌装吨位进行灌装，严禁将槽罐灌满防盐酸漫出）。

e. 停输酸泵，将输酸软管内余酸放完至槽罐中，将吸收软管及输酸软管口朝上用专用绳固定牢固，停吸收风机（新盐酸库吸收风机应长开），关闭泵冷却水阀。

f. 关闭输酸泵进出口阀。

g. 新盐酸库装船结束后应关闭囤船上的两个阀门及灌装平台处下河输酸阀门；其余步骤相同。

h. 结束后再全面检查一次。

② 转库输酸步骤：

a. 与车间 1#、2#复合肥工艺员及吸收岗位操作工加强联系，对新、老库区盐酸浓度质量应做到心中有数；转库输酸前应与 2#复合肥工艺员联系经同意后方可作业。

b. 启动新盐酸库吸收风机，确保风机运转正常。

c. 充装启泵前阀门开启状态调整：先将老库区倒库平台上各阀门开关到位，联系硫酸车间将输往水处理岗位阀门关闭，同时关闭至化储囤船管道阀门，全开新盐酸库顶进酸阀门。

d. 开启泵输酸进口阀门，关闭输酸泵出口阀，启动输酸泵，然后缓慢开启泵出口阀门直至开满，在确认一切正常后才能离开，否则应及时关闭出口阀门停泵（用泵出口阀门来调节流量）。

③ 翻库输酸停止步骤：

a. 停输酸泵，关闭泵进出口阀门；关闭泵冷却水阀；

b. 关闭新盐酸库顶翻库进酸阀门；老库区倒库平台上各阀门复位；

c. 结束后再全面检查一次。

④ 新盐酸库自流管输酸步骤：

a. 关闭下河输酸阀门，关闭各库输酸泵进出口阀门；

b. 开启库底根部阀，缓慢开灌装平台上输酸阀门直至开满（用灌装平台上输酸阀门来调节流量）；

c. 装船下河自流输酸，应先关闭新库输酸平台装车阀门，然后全开平台至化储囤船管道阀门，化储囤船处下河阀门。下河输酸前联系囤船上员工监护，开后联系确认盐酸已输到，无异常后才能离开，否则应及时关闭平台下河输酸阀门。

⑤ 停止自流输酸步骤：

关闭酸库根部阀（外侧），将输酸软管内余酸放完至槽罐中，将吸收软管及输酸软管口朝上用专用绳固定牢固。若下河输酸完后应同时关闭灌装平台上下河输酸阀及囤船处输酸阀。

第六节　制酸焚硫转化和干燥吸收岗位

一、岗位职责

1）严格遵守各项安全管理制度，不违章作业和违反劳动纪律。

2）严格执行岗位操作规程和工艺管理制度。

3）负责装置工艺指标监控、调节，严防"三超"。

4）负责落实岗位检修工艺安全措施并进行现场监护。

5）负责岗位设备开、停机操作，并积极处理异常情况。

6）负责设备运行巡检工作，检查设备泄漏情况，按要求拨巡检钟，严格执行巡回检查制度。

7）负责装置分析、排污及设备反洗工作。

8）熟练掌握消防器材、防护用品使用方法及维护保管。

9）积极参加各项安全活动，学习安全业务知识，提高业务技能水平，做到"四不伤害"。

10）做好岗位设备环境卫生及岗位定置管理工作。

11）负责岗位操作记录本填写，如实反映生产过程中异常情况。

二、岗位任务

（1）制酸焚硫转化任务简介

将熔硫岗位送来的精制液体硫黄，经精硫泵输出进入焚硫炉内与主风机送来的干燥空气燃烧，生成合格的 SO_2 气体，在钒触煤的催化作用下将 SO_2 气体转化为 SO_3 气体供干吸岗位吸收；保证尾洗系统运行正常，尾气达标排放。

（2）干燥吸收任务简介

干燥空气中的水分，吸收由转化来的三氧化硫气体生成所需浓度的成品硫酸；保证干吸段循环水运行正常；保证东边水沟不得溢流，对于所管辖区域各项环保工作的具体执行。

（3）岗位任务

1）负责将液硫与干燥空气中的氧燃烧生成 SO_2；

2）负责将 SO_2 转化成 SO_3，并控制焚硫转化的工艺指标，负责焚硫转化工序的设备操作及维护保养；

3）负责将转化过程中产生的热量合理利用，并送出部分热空气供给其他工序使用。

三、工艺流程简述

（1）工艺流程简介

助燃空气由干燥塔干燥后，再经主风机加压和空气预热器壳程加热后送入焚硫炉的旋流装置，熔硫工序的精硫经硫磺泵加压，在干燥空气助燃下燃烧，生成含 SO_2 的高温炉气进入管式余热锅炉进行降温后，进入气体过滤器，再进入转化器进行转化。经一段转化后的气体进入高温过热进行换热，换热后的气体进入转化器二段进行转化。二段出口气体进入Ⅱ换热器管程换热，换热后的气体进入三段转化，三段转化后的气体经Ⅲ换热器和空气预热器管程换热后降温，进入一吸塔吸收，吸收后的气体(残存 SO_2)经塔顶丝网除沫器和纤维束过滤器除去酸沫后依次通过Ⅲ、Ⅱ换热器的壳程加热，气体进四段转化后，经内置式换热器冷却进入五段，五段转化后的气体经螺旋管省煤器和热管省煤器降温进入二吸塔吸收，二吸塔内用浓硫酸吸收炉气中的 SO_3，吸收后的气体经塔顶丝网除沫器除沫后由尾气烟囱排空。为了调节各段催化剂层气体进口温度设置了必要的副线和阀门用于调节。

（2）工艺流程

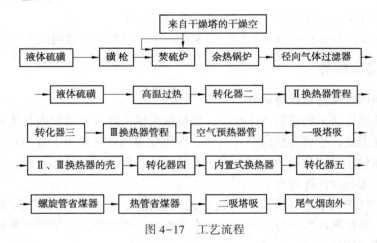

图 4-17　工艺流程

（3）工艺原理

1）焚硫原理：熔硫工序的精硫由磺泵加压、硫黄枪雾化与干燥后的空气充分反应燃烧，生成 SO_2 气体。化学反应方程式如下：

$$S+SO_2\longrightarrow SO_2+Q$$

2）转化原理：焚硫产生的炉气中的 SO_2 气体在转化塔内的触煤层的催化氧化作用下转化为 SO_3 气体。化学反应方程式如下：

$$2SO_2+O_2 \xrightleftharpoons{\text{催化剂}} 2SO_3+Q$$

3）干燥吸收工艺原理。

炉气的干燥是利用浓硫酸具有强烈的吸水性这一特性而将炉气干燥的。

SO_3的吸收是利用浓酸中的水分能够与SO_3发生化学反应生成硫酸这一特点而进行吸收的。在工业生产中，一般用浓硫酸吸收，而不用水吸收，是因为用水吸收难以把SO_3吸收完全，且易生成酸雾，不能得到浓硫酸产品。

炉气的干燥与SO_3的吸收，都是使用浓硫酸作吸收剂在填料塔中完成的，在填料塔内进行的吸收过程，可用"双膜理论"来解释。它的基本原理是：

① 气液两相界面的各方，分别存在着一层稳定的气膜和液膜。如果物质进行相同的扩散，就必须依次以分子扩散的方式，通过两层膜。在吸收操作过程中，被吸收的气体，通过气相主体以对流的形式扩散到气膜，然后以分子扩散的形式(指传质方式)通过气膜到达双膜界面上而溶解于液膜，然后又以分子扩散的形式通过液膜，再以对流扩散的方式传递到液相主全。干燥过程中的水蒸气分子，吸收过程中的SO_3分子都是这样分别通过气、液两层膜到达浓硫酸液相主体中被吸收的。

② 在气液两相的主体中，对流扩散的阻力比分子扩散的阻力小得多，因此阻力都集中在两相膜上。传质的速度决定天两膜中的扩散速度，水分子或SO_3分子要被吸收主要在于克服气液两相膜阻力。

③ 传质的速度与双膜的厚度成反比，流速加快，双膜变薄，有利于传质。在实际操作中气体的流速是受阻力限制的，因为流速太快，会减少气液接触时间，还会让液体随气体带出塔，造成严重带沫。

④ 根据"双膜理论"，可得出结论：

由于传质的阻力是在两层膜上，两层膜间的扩散方式是分子扩散，所以气液两相间的传质在很大程度上受着分子扩散速度的影响。

由于气液两相有稳定的界面，气液间的接触面积的大小，主要由设备结构决定。困此，增加气液两相接触面，提高气体和液体的流动速度可以提高传质速度。

从分子扩散的条件来看，液相主体浓硫酸的浓度越来越高，吸收分子的速度超快，但太高了，其蒸气分压就会增大，产生酸雾，还会溶解较多SO_2以及至冬季结晶。所以在干燥吸收水分和SO_3吸收的实际操作中，要稳定浓硫酸的浓度，同时，为保证气体和液体在干吸塔填料中的流动速度，增加气液间的接触面积，保证气液接触时间，从而使干燥吸收水分，SO_3吸收都能获得最好的效果。应稳定干燥吸收塔的淋酸量。

四、工艺指标

制酸、焚硫转化岗位工艺指标如表4-26所示。

表 4-26　制酸、焚硫转化岗位工艺指标

指标名称	单位	控制范围	班产量≥85t
鼓风机出口水分	g/Nm³	≤0.1	≤0.1
鼓风机出口酸雾	g/Nm³	<0.005	<0.005
液体硫黄温度	℃	135~145	135~145
焚硫炉出口温度	℃	950~1050	1050~1100
一段进口 SO_2 浓度	%	8.0~11	
一段进口温度	℃	410~430	418~420
一段出口温度	℃	560~590	568~570
二段进口温度	℃	440~480	474~478
二段出口温度	℃	490~520	516~520
三段进口温度	℃	430~450	433~437
三段出口温度	℃	440~470	435~439
四段进口温度	℃	415~430	408~410
四段出口温度	℃	420~440	420~424
五段进口温度	℃	405~415	406~410
五段出口温度	℃	410~420	414~418
总转化率	%	≥99.5	99.7%

五、岗位设备操作基础知识

（1）制酸、焚硫转化岗位设备

制酸、焚硫转化岗位常用设备如表4-27所示：

表 4-27　制酸、焚硫转化岗位设备一览表

设备名称	数量	规格材料
焚硫炉	1	φ3200×12634 碳钢衬耐火砖、保温砖
硫黄喷枪	1	合金钢
柴油贮槽	1	φ1800×2500 碳钢
柴油泵	2	KCB-33.3/14.5 $Q = 2m^3/h$
柴油喷枪	2	合金钢

设 备 名 称	数 量	规 格 材 料
点火风机	2	$15826m^3/h \times 2032Pa$
水管自然循环余热锅炉	2	2.0MPa 15t/h、20g 锅炉钢
径向气体过滤器	2	$\phi5000 \times 4500$ 碳钢，内加填料
转化器	2	$\phi5300 \times 18500$ 碳钢、合金和铸铁件、触媒 $70m^3$
高温过热器	1	1.82MPa、12t/h
II 换热器	1	$F=310m^2$
III 换热器	1	$F=570m^2$ Q235 $20^\#$钢管、渗铝
空气预热器	1	$F=250m^2$ Q235 $20^\#$钢管、渗铝
螺旋管省煤器	1	2.2MPa、15t/h
热管省煤器	1	15t/h
鼓风机	1	$600m^3 \times 3500mmH_2O$

（2）异常情况、原因分析及处理方法

表 4-28 制酸、焚硫转化岗位设备异常情况及处理方法一览表

异 常 情 况	原 因 分 析	处 理 方 法
磺泵跳闸	电器故障	启备泵运行，联系电仪人员检查
泵负荷过大或泵抽空，启备泵运行	反应槽温度低，料浆变稠结晶	提高反应槽温度
	加热汽管坏蒸汽未加入料浆中	停车更换蒸汽加热管
	硫酸量少，料浆变稠结晶	向槽内补硫酸，提高硫酸配比
	减速机故障	检修、更换减速机
反应槽搅拌浆电流陡降	硫酸过多引起槽内料浆变稀	减小硫酸配比，可适当多投钾
	蒸汽带水引起槽内料浆变稀	联系蒸汽管网调节蒸汽质量
	搅拌浆腐蚀，叶片变小	停车更换搅拌浆
	减速机内轴断	检修或更换减速成机
反应槽温度降低难提	蒸汽出现问题温度低	联系管网调节蒸汽品质
	槽内生钾沉积造成相对过剩反应不好	向槽内适当多补硫酸
	硫酸浓度低	更换硫酸
养份不稳	磷酸浓度不稳，杂质含量不稳	联系稳定磷酸浓度
	转化槽溢流波动大	找出溢流波动大的原因予消除
	计量不准配比失调	校准计量问题

异常情况	原因分析	处理方法
氯根偏高	反应温度低	提高反应温度
	投料量过大	减小投料量
	硫酸浓度低、配比低	换硫酸或提高硫酸配比
	氯化钾太潮湿或反应活性差	换氯化钾
小混酸槽液位打不低	混酸泵变频低	提高混酸泵变频
	泵及进出口管道结垢堵塞	停车清理泵及管道或倒换
	混酸泵故障	倒泵
烟囱冒大烟	吸收酸浓太高	调节酸浓
	吸收酸浓太低	
	吸收泵跳闸	停车查明原因并处理
	塔填料堵塞	
	分酸不均	
酸浓太低	过热器、省煤器穿孔	
	加水过大过多	适当调节加水量
	气浓太低	加大喷磺量
	转化率太低	提高转化率
干燥塔出口带沫	除沫层坏	停车检修
	气速太高	调节系统气速
	分酸器出现故障	
	上酸量过大	减少上酸量
三塔阻力增高	塔底防涡流装置堵塞，形成酸封	紧急停车处理
	塔上部纤维除雾元件堵	
干吸循环槽无回酸	塔底防涡流装置堵塞	紧急停车处理
HRS 稀释器振动大	空压气量调节不当	调整稀释器空压气进入量
HRS 塔出口气温高	二级吸收酸量偏小	提高二级酸量
	二级吸收酸浓过高	通过加水降低二级酸浓
HRS 塔出口带沫	除雾器降液管脱落	停车处理
HRS 塔进口冷凝酸量较大	HRS 塔进塔气温偏低	调节蒸汽喷射量或系统负荷，提高进塔气温
	省煤器 Ⅱ 穿孔泄漏	紧急停车处理漏点
一次水断水	酸浓大幅上涨	干吸加水倒为循环水
	循环水补水处无水流出	关闭循环水池排污阀

异 常 情 况	原 因 分 析	处 理 方 法
酸冷器漏酸	循环水 pH 值下跌快	联系班长及车间管理人员做紧急停车处理
	阳保电位出现波动	关闭酸冷器进水阀门，开启酸冷器水侧排污，放尽酸冷器内余水、停循环酸泵，关闭阳保，放尽酸冷器内余酸
酸泵跳闸	酸泵电流下跌为(0)，压力下跌为(0)并开始报警	联系各岗位及班长作紧急停车处理
循环水泵跳闸	干吸各酸温迅速上涨	迅速开启备用泵
	循环水池液位上涨快	如备用泵不能开启，迅速联系
	循环水泵电流下跌为(0)	各岗位及班长作紧急停车处理

第七节　稀酸、浓缩、过滤岗位

一、岗位任务

将由过滤获得并经过澄清后的稀磷酸，用低压蒸汽间接加热，轴流泵强制循环，真空条件下蒸发除去部分水份，生成合格的浓磷酸经澄清后供磷铵生产。

二、岗位职责

(一) 稀酸主操岗位职责

1) 负责根据取样分析的指标结果，对萃取、过滤、渣浆输送等工序所有装置的各调节点的监控、调节；制取易于过滤的反应料浆、合格的成品稀酸和石膏再浆浓度，按要求送到指定地点。努力提高 P_2O_5 萃取率、洗涤率。

2) 负责操作室设备、地面卫生，物品摆放。

3) 接受班长或其他管理人员的培训和指导，统一指挥稀酸付操、萃取外操、过滤、分析人员，进行日常培训和工作指导。负责开、停车的具体安排。

4) 负责对下酸、冲盘、石膏洗涤、氟吸收效果进行监控、处理。

5) 对生产情况(特别是异常情况)、指标执行情况向班长实时汇报、处理；做好各项原始记录。

(二) 浓缩主操岗位职责

1) 负责浓缩、循环水生产的安全正常运行。主要负责系统的开、停车的指挥、指导与检查(进酸、产酸、卸酸、清堵、清洗)；主要设备(强制循环泵、循环水泵、真空泵)操作、巡检与卫生，及其他现场的操作。

2）负责与内操联系，做好浓酸和氟硅酸(酸浓、含固量)、冷凝液、机封水pH 值、循环水水质的监测、调节，确保酸浓、含固量合格。

3）负责浓缩及循环水一楼的环境卫生；现场公用管廊的"跑、冒、滴、漏"进行及时汇报，处理；安全防护装置进行监控，维护。

4）接受班长或其他管理人员的培训和指导，对岗位新工进行日常培训和工作指导。

5）对生产情况(特别是异常情况)、指标执行情况向班长、实时汇报、处理。做好各项原始记录。

6）完成班长交办的其他临时工作任务。

(三)过滤岗位职责

1）负责过滤二楼、三楼转台式过滤机及其所属附属设备、设施、管道、阀门、包括过滤一楼絮凝剂、阻垢剂装置的操作、巡检；环境区域和设备卫生、负责过滤二楼、三楼转台式过滤机及其所属附属设备、设施、管道、阀门、包括过滤一楼絮凝剂、阻垢剂装置的操作、巡检；环境区域和设备卫生。

2）负责监控、调节冲盘、下酸、石膏洗涤效果，对现场的"跑、冒、滴、漏"进行及时汇报，处理；安全防护装置进行监控，维护。做好各项原始记录。

3）接受班长、主操或其他管理人员的培训和指导，对岗位新工进行日常培训和工作指导。

4）对生产情况(特别是异常情况)、指标执行情况向内操实时汇报。

5）完成班长、主操交办的其他临时工作任务。

三、工艺流程简述

(一)稀酸主操岗位

本工艺为九格方槽、低位闪蒸流程。由矿浆槽输送来的矿浆、返酸槽输送来的淡磷酸、硫酸车间输送来的浓硫酸加入到萃取槽进行一、二次反应，所产生的料浆通过轴流泵由六区打入闪蒸室，料浆在低气压下闪蒸带走反应热量后流入反应槽一区，六区料浆部分溢流至七区，经过消化后溢流至九区消化槽。反应分前后两步进行：

$$Ca_5(PO_4)_3 + 7H_3PO_4 = 5Ca(H_2PO_4)_2 + HF\uparrow$$

$$5Ca(H_2PO_4)_2 + 5H_2SO_4 + 5nH_2O = 5CaSO_4 \cdot nH_2O + 10H_3PO_4$$

反应产生的含氟气体及水蒸汽由排氟风机产生的负压将其抽吸入文丘里塔，第一洗塔进行循环洗涤，再由排氟风机打入第二洗涤塔(两段)循环洗涤，达标气体经尾气烟囱排空；第二洗涤塔补充一次水，通过循环泵循环洗涤，部分洗水

输送至第一洗涤塔，氟硅酸浓度达标后取出，输送至氟硅酸库或浓缩氟吸收工段

$$6HF+SiO_2 = H_2SiF_6+2H_2O$$

$$2H_2SiF_6+SiO_2 = 3SiF_4\uparrow+2H_2O$$

$$3SiF_4+(n+2)H_2O = 2H_2SiF_6+SiO_2 \cdot 2H_2O\downarrow$$

（二）浓缩主操岗位

经计量后的稀磷酸，加入浓缩强制循环真空蒸发回路，与经过加热后的大量循环酸混合并进入闪蒸室，水分在此蒸发浓缩后，再经浓磷酸循环泵进入石墨换热器，与低压饱和蒸汽间接换热，加热后的磷酸再次进入闪蒸室闪蒸。循环酸在浓缩循环回路中不断循环，从循环回路中不断的取出一定量的合格浓磷酸。蒸汽冷凝液送回锅炉给水系统。

闪蒸室逸出的蒸汽中含有氟化物和 P_2O_5 雾沫，经旋风雾沫分离器分离雾沫后依次进入第一氟吸收塔、第二氟吸收塔进行吸收后，进入大气冷凝器，用循环冷却水冷却冷凝，不凝性气体经真空泵排入大气。

（三）过滤主操岗位

料浆经过料浆泵打至过滤机，在真空泵的抽力下，将液体和石膏分离至气液分离器。由气液分离器来的滤液、一洗液（包括初滤液）、二洗液，经大气腿进入相应的滤洗液中间槽。滤液一部分经成品泵输送至成品库，另一部分溢流至返酸槽。

用循环水、热水、蒸汽作冲盘水，冲洗滤布使滤布再生。冲洗后的含石膏废水流至再浆槽，二洗液来自循环水和滤布穿透水，用泵输送至二洗布料斗，经过滤饼后回到一洗槽，经一洗泵输送至一洗布料斗，经过滤饼后回到返酸槽，和初滤液一起作为返酸打回萃取槽。

过滤气液分离器气体经过除沫器后进入大气冷凝器，与上部进入的循环水接触，冷凝气体中的水蒸汽并洗去酸沫后，剩余的不凝性气体进入真空泵，获得过滤机所需真空度，真空泵冷却水以及泵腔出水经收集后打入小循环水池、大气冷凝器出水部分用作冲盘热水，部分经泵打回至循环水池。

四、工艺指标

稀酸、浓缩、过滤岗位工艺指标如表 4-29 所示。

表 4-29　稀酸、浓缩、过滤岗位工艺指标

温度	换热器进口温度 75~85℃	低压蒸汽温度 ≤135℃	换热器进口温度 75~85℃	
液位	第一氟吸收器密封槽液位 40%~80%	第二氟吸收器密封槽液位 40%~80%	稀磷酸槽液位 ≤80%	浓磷酸槽液位 ≤80%

续表

压力	浓缩真空度 84~90kPa	换热器壳程压力 ≤150kPa	浓缩真空度 84~90kPa	仪表空气压力 ≥0.45MPa
	低压蒸汽压力 ≤0.25MPa	仪表空气压力 ≥0.45MPa	换热器壳程压力 ≤150kPa	
其他	浓酸含固量≤10%	浓酸 P_2O_5 含量 46.8%~48.2%	循环泵电流 ≤35.2A	氟硅酸取出酸浓度 8%~14%
	冷凝液 pH 值≥7	冷凝液电导率≤ 30μS/cm	氟硅酸取出比重 1.08~1.12g/mL	

五、岗位设备基础知识

表4-30 稀酸、浓缩、过滤岗位设备一览表。

表4-30 稀酸、浓缩、过滤岗位设备一览表

岗位	设备	型号	规格
稀酸岗位	闪蒸轴流泵	Y2-280M-4 90 167	$Q=13000m^3/h$ $H=1.22m$
	反应槽搅拌器	Y2-280M-4 90 167	二层四叶桨 变截面可调角度式 $\Phi2200/\Phi2500mm$ ZJ90-2500/60
	过滤真空泵	Y450-4 400 28.7	15700m³/h 极限真空 18kPa 2BE3-60
	反应尾洗风机	Y3-355M1-6W185 338	流量 70000m³/h 功率 185kW Y9-28NO17D
	渣浆泵	YKK500-6 450 32.8	$Q=1300m^3/h$ 功率 450kW LH300-65
	过滤机	Y2-200L-4T-30/Y2-160L-4-15 18.5 33.9	过滤面积总面积：140m² 有效面积：120m² HDZP-140
浓缩岗位	浓缩石墨加热器		换热面积以外表面计 749 管数：769 列管外径/内径：51mm/38mm 管板间管长：6100mm
	浓缩石墨加热器		换热面积：892m² 列管：819 根 长度：6.8m

岗位	设备	型号	规格
浓缩岗位	浓缩循环泵	YKK4505-4WF1 500	34.4 HZ1100 $Q = 10000m^3/h$　$H = 4.8m$
	浓缩真空泵	Y450-4 315 23 2BE1603	$Q = 12000m^3/h$　进口压力 $p = 7kPa$(绝)
	循环水泵	YKK4506-4WF1 500 36.1 JSM401-450	$Q = 2500m^3/h$　$H = 96m$
过滤岗位	过滤机驱动	Y132M-4	电机功率：7.5kW 额定电流：14A
	过滤机	HDZP-80 转台式	过滤机转速 0.2~0.6r/min $F_总 = 80m^2$　$F_有 = 68m^2$ 滤盘数：18 外径：$\Phi10.97m$
	螺旋卸料	Y180L-4	电机功率：22kW 额定电流：42.5A
	浓密机	Y100L-4	电机功率：3kW 额定电流：7.2A
	浓密电机	Y90L-4	电机功率：1.5kW 额定电流：3.7A SW115M-J-B-45/800 提升行程：600mm

参 考 文 献

[1] 徐忠娟，诸昌武. 化工生产实习指导. 北京：中国石化出版社，2013.
[2] 张君涛. 炼油化工专业实习指南. 北京：中国石化出版社，2013.
[3] 尹先清，卞平官，刘军. 化学化工专业实习. 北京：石油工业出版社，2009.
[4] 石淑先. 石油化工生产实习指导. 北京：化学工业出版社，2016.
[5] 曾坚贤，彭青松. 化工实习. 徐州：中国矿业大学出版社，2014.
[6] 张群安，史政海. 化工实习实训指导. 北京：化学工业出版社，2011.
[7] 王洪林，熊航行. 化工实习指导. 北京：化学工业出版社，2018.
[8] 史德青. 化学化工认识实习指南. 北京：中国石化出版社，2018.
[9] 刘小珍. 化工实习. 北京：化学工业出版社，2008.
[10] 陈桂娥. 现代化工生产操作实习. 北京：化学工业出版社，2016.
[11] 陶贤平. 化工实习及毕业论文（设计）指导. 北京：化学工业出版社，2010.
[12] 郭泉编. 认识化工生产工艺流程化工生产实习指导. 北京：化学工业出版社，2009.
[13] 杜克生，张庆海，黄涛. 化工生产综合实习. 北京：化学工业出版社，2007.